数学ライブラリー **1**

多元数論入門

武蔵大学学長　理学博士
正 田 建 次 郎 著

森北出版株式会社

序

　多元数論は今世紀が生んだ最も興味ある代数学の分野の一つである．その歴史は古く 19 世紀に源を発するが，今世紀に入って飛躍的な発展を遂げた．Wedderburn（ウェダーバーン），Dickson（ディクソン）は数の概念の拡張として多元数論を一つの学問的体系にまで築き上げた．一方 Frobenius（フロベニウス）は Dedekind（デデキント）の後を受けて，有限群の表現論の拡張として多元数論を表現論と密接な関係のもとに建設した．この二つの系統は，Noether（ネーター），R. Brauer（ブラウワー）らにより統一され，ここに現在の多元数論ができ上がったのである．本書はその初歩的紹介である．

　数学の荘厳な理論は定理の単なる羅列だけで理解されるものではなく，一歩一歩築き上げていくその過程が判って初めて真の理解に到達するのだと思う．それゆえ本書においては思想の発展して行く道筋を明らかにすることに努めた．形式的に整然と内容を配列することにばかり意を用いず，事実の間の関係を説くことに努力したため，かえって読者を混乱させることになることをおそれる．しかし教科書などと異なり，適当な指導者を持たない読者の入門書としてはこの方法をとる以外に道がなかったのである．

　私は旧著多元数を以上のような考えのもとに書いたのであるが，今日これを読み直してみると，20 年の歳月はこの著を相当古めかしいものにしているのに気がつく．しかし今日の私には，これを全面的に書き直す勇気も暇もないので気のついたところを改訂するに止めることにした．今日では多元数

に関する邦書も多くなったが，それだけを簡単にまとめた書物は見当らない
ので，そこにこの書物の生命を見出すことができよう．また，数学の理論の
整頓はその進歩の一翼を担うものではあるが，あまりに形式的に整頓された
ものは初心者にとって内容の本質を理解するのに必ずしも適当であるとはい
えない．私はこの書物を入門書として更に多元数論の現在の姿をこれと比較
勉強されることを望みたい．

　この書物は入門書ではあるが，5.2 と 7.13 はあまり知られていないので
はなかろうか．当時これら私の仕事の一端を載せてこの書物の純学問的な特
徴をも出したいと考えたことを思い出したので，あえてここに注意しておき
たい．

　昭和 43 年 6 月

著 者 識 す

目　　　次

1 章

多元数の発生

1.1 複素数．合同．法．類．同型

　数という概念が自然数から始まったことは明らかである．さらに整数に対して分数が考えられ，正数に対して負数が考えられ，零が導入されていわゆる有理数なるものが考えられるようになる．数の範囲は有理数に対して無理数を導入することにより，さらに拡げられ，いわゆる実数なる概念が得られたのである．数の量的性質に注目すれば，その数学的に厳密な考察はしばらく置くとして，この数の拡張は真に誰にも納得のできる拡張である．以上の数の拡張を代数方程式について考えてみると，負数および零は

$$x + a = b$$

なる１次方程式を常に解くために導入され，有理数は

$$ax = b, \qquad a \neq 0$$

を常に解くために必要であった．有理数の範囲では１次方程式は常に解を持っている．しかし２次方程式

$$x^2 = 2$$

は有理数の範囲では解けない．しかも１辺の長さが１である正方形の対角線の長さは，この方程式を満足している．ここにさらに数の範囲を拡げる必要に迫られ，こうして生まれ出たのが無理数である．しかし無理数（代数的な実数）の範囲内では，２次方程式でさえ一般に解くことはできない．たとえば

$$x^2 + 1 = 0$$

はこの範囲では解けない．代数方程式が常に解けるように数の範囲を拡げよ
うとすれば，さらに新しい数を考えなくてはならない．ここに虚数，実数を
も含めて複素数という概念が得られるのである．ここでは実数までを既知の
数とし，それから複素数を構成するところから始めようと思う．ここで実数
といっても代数的な実数つまり有理数を係数とする方程式の根になる実数に
限っても差支えない．

　数の範囲を拡げるときの規準，すなわち既知の数の性質のうち，どれだけ
を保つように要求するかによって，その拡げ方が異なってくるのは当然であ
る．実数の範囲では四則が可能である．かつそこにはつぎのいわゆる加法，
乗法の公準が成立している．

　　　交換律　　　$a + b = b + a, \quad ab = bc.$

　　　結合律　　　$(a + b) + c = a + (b + c), \quad (ab)c = a(bc).$

　　　分配律　　　$a(b + c) = ab + ac.$

実数のこれだけの性質——もちろん減法，除法が加法，乗法の逆算法なるこ
とを認めて——を保持して拡張したいのである．それには Hamilton（ハミ
ルトン）に従ってまず実数の対 (a, α) を考える．$a = a'$，$\alpha = \alpha'$ のとき，
そのときに限り $(a, \alpha) = (a', \alpha')$ とし，その加法を

$$(a, \alpha) + (b, \beta) = (a + b, \alpha + \beta)$$

により定義し，

$$a = (a, 0)$$

と置く，さらに乗法を

$$(a, \alpha)(b, \beta) = (ab - \alpha\beta, a\beta + b\alpha)$$

により定義する．しかるときは実数を含むある集合が得られる．この定義が
実数（$\alpha = 0, \beta = 0$）の場合には実数の加法，乗法の定義に一致するから，こ
のように考えても差支えないのである．さてここで加法，乗法の公準が満た
されていることは簡単な計算でわかる．そのうえ加法の逆算法である減法は

$$(a, \alpha) - (b, \beta) = (a - b, \alpha - \beta)$$

により，乗法の逆算法である除法は，少し面倒であるが，

$$\frac{(a, \alpha)}{(b, \beta)} = \left(\frac{ab + \alpha\beta}{b^2 + \beta^2}, \ \frac{-a\beta + b\alpha}{b^2 + \beta^2} \right)$$

により与えられることも，また計算すればわかることである．これでともかく我々の要求していた数の拡張ができたのである．Euler（オイラー）の記号を用いて

$$i = (0, 1)$$

と置けば，

$$(a, \alpha) = a + \alpha i, \qquad i^2 = -1$$

である．この新しく得た数を**複素数**という．

　Cauchy（コーシー）は全く別の方法によって複素数を導入した．実数を係数とする一変数の多項式の間では，加法，減法，乗法が可能で，加法および乗法の公準が成立している．二つの多項式の差がある**与**えられた多項式 $m(x)$ で割り切れるとき，その二つの多項式が**合同**であるという．すなわち多項式は $m(x)$ で割ったときの剰余に合同で，二つの多項式が同一剰余を有するとき、たがいに合同になる．多項式 $f(x)$ と $f'(x)$ が合同であることを

$$f(x) \equiv f'(x) \qquad (m(x))$$

と書き，$m(x)$ を**法**という．たがいに合同な多項式を一つの組——これを**類**という——にまとめれば，多項式がいくつかの類に分けられる．その類の間に加法，乗法を各類に含まれている多項式に従って定義する．すなわち $f(x)$ を含む類と $g(x)$ を含む類との和および積は $f(x) + g(x)$ および $f(x)g(x)$ を含む類であると定めるのである．ここで問題になるのはこの類の加法，乗法の定義がそれを定義する多項式 $f(x)$, $g(x)$ の取り方に無関係だということである．さもなければこの定義は明らかに不都合である．式で書けば，

$$f(x) \equiv f'(x), \qquad g(x) \equiv g'(x) \qquad (m(x))$$

ならば

$$f(x) + g(x) \equiv f'(x) + g'(x), \qquad (m(x))$$

$$f(x)g(x) \equiv f'(x)g'(x) \qquad\qquad (m(x))$$

であるということである．それはしかし合同の定義からただちに第1式が得られ，さらに

$$f(x)g(x) \equiv f'(x)g(x), \qquad f'(x)g(x) \equiv f'(x)g'(x) \qquad (m(x))$$

から第2式が得られるから心配はない．二つの実数は $(m(x))$ を法として決して合同にならないから，ある実数 a を含む類を a で表わせば，この類の集合が実数を含んでいると考えても差支えない．これは多項式における合同概念である．

　Cauchy はこの考えを

$$m(x) = x^2 + 1$$

の場合に適用した．各類は $m(x)$ で割った剰余により決定されるのであるから，それは $a + bx$ によって代表される．

$$x^2 \equiv -1 \qquad (x^2 + 1)$$

であるから，容易にこの類が複素数と四則について全く同一の構造を有することがわかる．

　この Cauchy の考えは，すでに上に述べたところから察せられるように，一般の多項式 $m(x)$ についても，また実数を基礎とせず，たとえば有理数を基礎にとっても適用することができる．これは Kronecker（クロネッカー）により体論に採用され，近代代数学建設の直接の導因となった Steinitz（スタイニッツ）の研究の基礎になった思想である．

　複素数を係数とする如何なる代数方程式も，複素数の範囲で根を持つ．したがって如何なる多項式も1次式の積に分解される．これが Gauss（ガウス）による基本定理で，これによって代数方程式に関する限り，複素数をさらに拡げる必要がなくなったのである．ただし Gauss の場合には実数全体

を拡大した複素数体についての話でその証明は多項式の連続性を用いて得られていることに注意する必要がある．

1.2 四元数．2次の行列．直和

四則の可能であること，および加法，乗法の公準の少なくとも大部分を保つように数をさらに拡げる例として，ここに四つの場合を取り上げてみる．

多項式：複素数を係数とする n 個の変数の多項式については，その範囲内で加法，減法，乗法ができて，加法，乗法の公準が成立する．さらに分数も考えて有理式を取り扱えば，除法もまた可能である．この場合はしかし有限個の有理式を如何に選んでも，すべての有理式がその1次式として表わされるというわけにはいかない．

四元数：実数の対として複素数を定義した場合にならって，四つの実数から成る．

$$(a, b, c, d)$$

なる記号を考え，その加法を

$$(a, b, c, d) + (a', b', c', d') = (a + a', b + b', c + c', d + d')$$

により定義し，

$$a = (a, 0, 0, 0)$$

と置く，また実数 a' との乗法を

$$(a, b, c, d)a' = a'(a, b, c, d) = (a'a, a'b, a'c, a'd)$$

により定義する．しかるとき

$$1 = (1, 0, 0, 0), \quad i = (0, 1, 0, 0), \quad j = (0, 0, 1, 0)$$
$$k = (0, 0, 0, 1)$$

と置けば，

$$(a, c, c, d) = a + bi + ci + dk$$

なる表示が得られる．さらに一般乗法を，分配律を仮定して

$$i^2 = j^2 = k^2 = -1, \qquad ij = k, \qquad jk = i, \qquad ki = j$$

$$ji = -k, \qquad kj = -i, \qquad ik = -j$$

により定義すれば，われわれの記号の間に加法，減法，乗法が定義され，乗法に関する交換律以外は，加法，乗法の公準が成立することが容易に証明できる．

$$\alpha = a + bi + cj + dk, \qquad \bar{\alpha} = a - bi - cj - dk$$

とすれば，

$$\frac{1}{a^2 + b^2 + c^2 + d^2} \alpha\bar{\alpha} = 1.$$

したがって

$$\beta\alpha^{-1} = \frac{1}{a^2 + b^2 + c^2 + d^2} \beta\bar{\alpha},$$

$$\alpha^{-1}\beta = \frac{1}{a^2 + b^2 + c^2 + d} \bar{\alpha}\beta$$

によって除法が与えられる．乗法について交換律が成立しないから，

$$x\alpha = \beta, \qquad \alpha x = \beta$$

の解として二通りの除法を考えなくてはならず，それがすなわち $\beta\alpha^{-1}, \alpha^{-1}\beta$ にて表わされる．このように導入された記号が Hamilton により幾何学的，物理学的必要から導入された**四元数**である．

$$a + bi = (a, b, 0, 0),$$

$$a + cj = (a, 0, c, 0),$$

$$a + dk = (a, 0, 0, d)$$

なる四元数は，それぞれ複素数と考えることができる．ゆえに四元数は，乗法に関する交換律を犠牲にして，複素数を拡げて得られたものと考えることもできるのである．

実数の上の2次の行列：四つの実数からなる記号

$$\begin{pmatrix} a & b \\ c & d \end{pmatrix}$$

に対してつぎのような算法を定義する.

$$\begin{pmatrix} a & b \\ c & d \end{pmatrix} + \begin{pmatrix} a' & b' \\ c' & d' \end{pmatrix} = \begin{pmatrix} a + a' & b + b' \\ c + c' & d + d' \end{pmatrix},$$

$$e\begin{pmatrix} a & b \\ c & d \end{pmatrix} = \begin{pmatrix} a & b \\ c & d \end{pmatrix}e = \begin{pmatrix} ae & be \\ ce & de \end{pmatrix},$$

$$\begin{pmatrix} a & b \\ c & d \end{pmatrix}\begin{pmatrix} a' & b' \\ c' & d' \end{pmatrix} = \begin{pmatrix} aa' + bc' & ab' + bd' \\ ca' + dc' & cb' + dd' \end{pmatrix}.$$

これらの記号を **2次の行列**という. その全部をとれば——乗法に関する交換律を除く——加法, 乗法の公準を満足している. この場合はしかし除法は一般にできない. これは $4 = 2^2$ 個の実数によって決定されるから, 2次行列というので, 一般に n^2 個の実数を正方形に列べて得た記号を行列といい, その算法は上の定義にならって定める. この行列に関する理論がいわゆる行列論であるが, ここではそれに触れないで, ただ交換律と除法を犠牲にすれば実数をこのように拡張することができることを示すにとどめる.

$$\begin{pmatrix} a & 0 \\ 0 & a \end{pmatrix}$$

のような行列だけを考えればそれは四則については実数と同じであるから行列は実数の拡張と考えられる.

$$\begin{pmatrix} 0 & 1 \\ -1 & 0 \end{pmatrix}\begin{pmatrix} 0 & 1 \\ -1 & 0 \end{pmatrix} = \begin{pmatrix} -1 & 0 \\ 0 & -1 \end{pmatrix}$$

であるから,

$$\begin{pmatrix} a & b \\ -b & a \end{pmatrix}$$

が複素数であると考えることもできる. すなわちこの行列は複素数の拡張とも考えられる.

　直和: 複素数の対 (a, b) に対して加法, 乗法を

$$(a, b) + (c, d) = (a + c, b + d),$$

$$(a, b)(c, d) = (ac, bd)$$

により定義すれば，加法，減法，乗法のできる記号のある範囲が決定され，加法，乗法の公準を満足している．しかし，ここでは除法は一般には不可能である．

$$(a, 0)(x, y) = (c, d), \qquad d \neq 0$$

は解けない．この場合

$$a = (a, a), \qquad e = (1, 0), \qquad f = (0, 1)$$

とすれば，

$$(a, b) = ae + bf$$

にて表わされる．これを**直和**という．

$$(a, 0)(0, b) = (0, 0) = 0$$

であるから零でない二つの記号の積が 0 になり得る．このような零の因子になるものは最初 Weierstrass（ワイエルシュトラス）により指摘されたもので，Weierstrass の多元数は実際ここに述べたような複素数の拡張に過ぎないことが直ちに Dedekind（デデキント）により示されている．

　ここに述べた三つの例のうち，第1例は体論における超越的拡大で，第2，第3，第4の例は多元数の好個の例である．複素数を拡張するという立場を離れて，第2，第3，第4の例を眺めると，基礎に実数または複素数をとる必要はなくなる．四元数を実数の上で考えることは，$a^2 + b^2 + c^2 + d^2 \neq 0$，すなわち除法が可能であることを結論するのに用いられているに過ぎない．第2，第3，第4の例に共通な性質をとり，新しい範囲内での加法，乗法，減法の可能性と，加法，乗法の（乗法の交換律以外の）公準を要求するだけならば，基礎にとる数の範囲内で四則が可能で加法，乗法の公準が成立しておればよい．すなわち数体を基礎にとればよい．

1.3 多元数. 多元環

第2, 第3, 第4の例を一般にして任意の数体 K の上の多元数をつぎのように定義する. K の数を n 個列べた

$$(a_1, a_2 \cdots, a_n)$$

なる記号を考え, その加法を四元数の場合と同様に

$$(a_1, a_2, \cdots, a_n) + (a_1', a_2', \cdots, a_n') = (a_1 + a_1', a_2 + a_2', \cdots, a_n + a_n')$$

により定義し, K の数 a' との乗法を

$$(a_1, a_2, \cdots, a_n)a' = a'(a_1, a_2, \cdots, a_n) = (a'a_1, a'a_2, \cdots, a'a_n)$$

により定義し,

$$e_1 = (1, 0, \cdots, 0), \qquad e_2 = (0, 1, 0, \cdots, 0) \qquad \cdots, \qquad e_n = (0, 0, \cdots, 0, 1)$$

と置けば,

$$(a_1, a_2, \cdots, a_n) = e_1 a_1 + e_2 a_2 + \cdots + e_n a_n$$

なる表示が得られる.

分配律を仮定すれば,

$$e_i e_j = \sum e_t a_{tij}$$

によってこの記号の間の乗法が定義される. もちろん K の数 a, a' に対しては

$$(e_i a)e_j = e_i(ae_j) = (e_i e_j)a, \qquad e_i(aa') = (e_i a)a'$$

となる.

しかるとき加法, 乗法の公準 (以後乗法に関する交換律は常に除外することにする) のうちで問題になるのは乗法に関する結合律だけで, それは

$$(e_i e_j)e_k = e_i(e_j e_k)$$

で表わされる. この両辺を計算し, 同じ e_i の係数を比較すれば

$$\sum_t a_{stk} a_{tij} = \sum_t a_{sit} a_{tjk}$$

これが結合律の成立するために必要かつ十分なる条件である. このようにして得られる記号を**多元数**という. 多元数は以上のように構成された運算を有する集合の一要素, いわゆる元として定義されること複素数の場合と同様である. つぎにその多元数というよりむしろ**多元環**を定義する基になる場合, すなわち $(a_1, a_2 \cdots, a_n)$ の全体に注目し, その運算に関する特性を列挙してみる.

（1）　加法, 減法, 乗法が一意的に可能である.

（2）　（乗法に関する交換律を除き）加法, 乗法の公準が成立する.

（3）　K の数との間に交換律を満足する乗法が定義されている.

（4）　K の数との間に乗法に関する結合律および分配律が成立する. かつ
$$1 \cdot f = f.$$

（5）　有限個の多元数 $f_1, f_2, \cdots, f_n$ の K の数を係数とする1次式
$$a_1 f_1 + a_2 f_2 + \cdots + a_n f_n$$
としてすべての多元数が一意的に表わされる.

　2章において詳しく論ずる予定であるが, この五つの条件により多元数の性質はつきている. まず（5）の1次式に
$$(a_1, a_2, \cdots, a_n)$$
を対応させる. 加法および減法は（4）の分配律および（2）の加法の公準を用いればすでにわれわれの与えた多元数の加法, 減法に一致する. 乗法および K の数との乗法に関するわれわれの要求は, これまた明らかに満たされている. すなわち上に述べた条件をもって多元数を定義することができる.

1.4　単位元. 階数. 1次独立

　組織的に近代的に多元数を導入する前にこの定義を少しく吟味しておこう. この定義からだけでは K の数を必ずしもある多元数と見ることはできない. 四元数の例では $(a, 0, 0, 0)$ が実数を表わしたが, それは乗法の定義の

特殊性から初めて結論できたことである．複素数の直和の例においても同様
である．如何なる多元数 f に対しても

$$f \cdot 1 = 1 \cdot f = f$$

なる多元数 1 を**単位元**という．もし単位元が存在するならば，K の数 a に
$a \cdot 1 = 1 \cdot a$ を対応させれば K がまた多元数であると考えても差支えない．
四元数の場合には $(1, 0, 0, 0)$ が単位元，複素数の直和の場合には $(1, 1)$ が
単位元である．

　多元数の特性である条件を要求するだけならば，K の中で除法ができる必
要はない．加法，減法，乗法ができて 1 を含んでいればそれで沢山である．す
なわち K が数体でなくとも数環であれば今までの議論は成立する．しかし
数環が与えられたときはそれから分数をつくって得られる数全部は数体をつ
くるから，数体の上に多元数を考えれば数環を基礎とした多元数はその一部
分をなす．数体であることが本質的に影響するのは 1 次独立性に関してであ
る．数体 K の上の多元数が上に述べたように n 個の K の数により定義され
るとき，n をその多元数の**階数**という．n 個の多元数 $f_1, f_2, \cdots, f_n$ に対し，

$$a_1 f_1 + a_2 f_2 + \cdots + a_n f_n = 0$$

から，常に

$$a_1 = a_2 = \cdots = a_n = 0$$

が結論できるとき，$f_1, f_2, \cdots, f_n$ を 1 次独立であるという．$f_1, f_2, \cdots, f_n$ が一
次独立ならば，すべての多元数が

$$x_1 f_1 + x_2 f_2 + \cdots\cdots + x_n f_n, \qquad x_i \leftarrow K$$

にて表わされる．これは K が数体であって始めていえることで，K が数環
の場合には一般には成立しない．この事実により多元数は任意 n 個の 1 次独
立なる多元数をとれば，それにより表わされることになる．これらのことに
ついては 1 章で述べることにしよう．かかる $f_1, f_2, \cdots, f_n$ のような 1 次独立
である n 個の元を多元数の**基**という．

多元数が基礎体 K と，基 $e_1, e_2, \cdots, e_n$ の間の結合法則

$$e_i e_j = \sum a_{ijk} e_k$$

により本質的に決定されることは明らかである．a_{ijk} の取り方により，多元数の結合状態が著しく異なることは，実数体に対して4階の多元数たる例（2），（3），（4）を見れば明らかであるが，基礎体 K の取り方によってもまた多元数の構造に大きな変化が起こる．たとえば四元数を複素数体の上で考えれば，それは構造的には2次の行列の多元数と同じことになる．換言すれば，複素数体の上では例（2），（3）は基の取り方によって見掛けだけ異なった多元数と考えることができる．これを証明してみよう．

$$E = \begin{pmatrix} 1 & 0 \\ 0 & 1 \end{pmatrix}, \quad I = \begin{pmatrix} i & 0 \\ 0 & -i \end{pmatrix}, \quad J = \begin{pmatrix} 0 & i \\ i & 0 \end{pmatrix}, \quad K = \begin{pmatrix} 0 & -1 \\ 1 & 0 \end{pmatrix}$$

と置けば，

$$xE + yI + zJ + uK = \begin{pmatrix} x+yi & zi-u \\ zi+u & x-yi \end{pmatrix}.$$

如何なる行列

$$\begin{pmatrix} a & b \\ c & d \end{pmatrix}$$

も x, y, z, u に適当な数を入れれば表わされる．

$$x = \frac{1}{2}(a+d), \quad y = \frac{i}{2}(a-d), \quad z = \frac{i}{2}(d+c), \quad u = \frac{1}{2}(c-d)$$

と置けばよいことは見易い．ゆえに E, I, J, K はまた2次の行列の多元数の基をなす．E が単位行列であり

$$I^2 = J_2 = K^2 = -E, \qquad IJ = K, \qquad JK = I, \qquad KI = J,$$
$$JI = -K, \qquad KJ = -I, \qquad IK = -J$$

であることは容易にわかる．ゆえに E に 1，I に i，J に j，K に k を対応させると，これは複素数の上の四元数にほかならない．

ゆえに多元数の構造をしらべるには，その基礎体もまた重要な要素になる．単に数の拡張という点からだけ考えれば，実数または複素数を基礎体にとればよいわけであるが，多元数の持つ他の多くの面をも ともに考えるときは，基礎体としては任意の数体または さらに一般に抽象的な体をとることが最も望ましく，このようにして多元数論をも含めて抽象代数学の体系が出来上がるのである．

2 章

予 備 知 識

2.1 加 群

多元数論に入る前に代数学の常識になっている諸概念について略説してお
こう. そのうち幾分かは既知として1章においてすでに現われているが.

まず有理数をモデルにして加群, 環, 整域, 体なる概念を一通り説明して
おく. これから考察の対象になるのは定義されない抽象的な元の集合であ
る. このような元の間の結合とは如何なることを意味するか. それは二つの
元の対 (a, b) に一つの元 c が対応させられていることを意味するのに過ぎな
い. このような対応が与えられたとき, その事を a と b を結合したものが c
であるというので, このいい表わし方は何も具体的な結合を意味しているの
ではないのである. しかしそれは具体的な事実を抽象して得られた考え方で
あるから, 具体的の場合にわれわれが用いている言葉や記号を用いることが
望ましい.

いま有理数全体の集合をその加法, 減法に関連して考え, その性質の中か
らつぎの性質を取り出して加群なる概念を得る. **加群**とはつぎの条件を満足
する加法の与えられた集合をいう.

（1） a, b, c のうち二つを与えれば,

$$a + b = c$$

を満足する第3の元が一意的に決定される.

（2） $$(a + b) + c = a + (b + c).$$

（3）
$$a + b = b + a.$$

b, c が与えられたとき，（1）を満足する a を $c - b$ にて表わす．これが減法である．任意に b をとり

$$0 = b - b, \qquad 0 + b = b$$

と置けば，如何なる c に対しても（1）を満足する a が存在し，（2），（3）を用いれば

$$c = a + b = (0 + b) + a = 0 + (b + a) = 0 + c.$$

すなわちこの 0 は b には無関係で，単に零と呼ばれる．$0 - a$ を $-a$ にて表わすと

$$-(a + b) = -a - b, \qquad -(a - b) = -a + b$$

等，数の場合と同様な法則が成り立つ，m 個の a の和を ma にして表わす：

$$a + a + \cdots + a = ma.$$

m が 0 でなくても，ma が 0 になることはあり得る．この有理数では自明の事柄は上述の 3 条件からは結論できない．

2.2　環．歪環．零因子．単元．逆元

今度は乗法をも合わせ考えて，つぎの環なる概念を得る．**環**とはつぎの条件を満足する乗法の与えられた加群をいう．

（1）　a, b を与えれば

$$ab = c$$

を満足する元 c が一意的に決定される．

（2）
$$(ab)c = a(bc).$$

（3）
$$a(b + c) = ab + ac, \qquad (b + c)a = ba + ca.$$

一般的見地から，とくに多元数をも一般の環の中に含めて考えるためには，乗法に関する交換律

$$ab = ba$$

は仮定しない方が都合がよい．そのゆえに（３）の分配律を二通りに書かな

ければならないのである．交換律を仮定しているか否かを判然とするために

交換律の成立する環を単に環，それを仮定しないとき歪環と呼ぶ こ と も あ

る[1]．つぎの等式の証明は容易である．

$$0a = a0 = 0,$$
$$c(a - b) = ca - cb, \qquad (a - b)c = ac - bc,$$
$$(-a)(-b) = ab, \qquad (-a)b = a(-b) = -(ab).$$

　これ等は数の場合と同様であるが，１章の例におけるように，

$$ab = 0$$

であっても，$a = 0$ かまたは $b = 0$ であることは必ずしも結論できない．

$a \neq 0$, $b \neq 0$ の積が0なるときaを**左零因子**，bを**右零因子**という．

　環においてすべての元aに対して，

$$ae = ea = a$$

を満足する元eが存在するとき， eを**単位元**といい，普通１で表わす．第１

式が成立するとき右単位元，第２式が成立するとき左単位元と呼ぶこともあ

る．

　単位元１が存在するときaに対して

$$aa^{-1} = a^{-1}a = 1$$

なる元 a^{-1} が存在すれば，aを**単元**，a^{-1}をaの**逆元**という．単位元は存在

しても一つよりなく，逆元も存在しても一つよりない．すなわち a^{-1} はaに

より一意的に**決定される**．

2.3　整域．体．標数

単位元を有し零因子を有さない環をとくに**整域**といい，単位元を有し0以

外の元がすべて単元である環を体という.

$$ab = 0$$

で, a を単元とすれば

$$a^{-1}ab = b = 0$$

となるから, 単元は零因子にはならない. ゆえに体は特殊な整域である. この体の定義は四則を基にしてつぎのようにいい表わすこともできる. 零以外の元による除法が可能である環, すなわち $a \neq 0$, c に対し, $ax = c$, $x'a = c$ なる元 x, x' が常に存在するような環を体という. 除法が可能なとき $ax \neq 0$ に対し,

$$ax = a$$

なる元 x をとれば, 如何なる元 b に対しても $b = ca$ なる元 c が存在するのであるから

$$bx = cax = ca = b.$$

同様に $ya = a$ とすれば, $yb = b$, $y = yx = x$, すなわち, このような $x = y$ は単位元 1 であり, $ax = 1$ なる元 x は a の逆元である. 逆に 1 を有し, 1 以外の元がすべて単元ならば, $a \neq 0$ に対し

$$ax = b, \qquad ya = b$$

なる元 x, y は

$$x = a^{-1}b, \qquad y = ba^{-1}$$

により与えられる. すなわち除法が可能である.

　有理整数は整域であるが体ではない. 偶数は環ではあるが整域ではない. 加群については $ma = 0$ でも, 必ずしも $m = 0$ ではないことを注意しておいたが, これは体においてもやはり結論できない. しかし整域, したがって体においては $ma = 0$, $m \neq 0$ なる m についてつぎのようなことがいえる. 間違いをひき起こさないように単位元を e にて表わし,

$$0, \ e, \ 2e, \ 3e, \cdots$$

をつくる．ここに同じ元が二度現われてこないならば，$\pm me$ と $\pm m$ を対応させると有理整数と1対1に対応する集合が得られ，それは明らかに有理整数と加法，乗法について同じ構造を持っている．つぎに同じ元が二度現われる場合について考えてみる──その実例は後に譲る──

$$me = ne, \qquad n > m$$

とすれば，

$$(n - m)e = 0,$$

すなわち 0，e から順次に行くとき，初めて重複するのは 0 である．それからは当然同じ元が周期的に現われてこなくてはならない．pe が初めて 0 になったとすれば，正負にかかわらず $n - m$ が p で割り切れるとき $ne = me$ になり，結局

$$0, \ e, \ \cdots, \ (p - 1)e$$

によりすべての元が代表される．p が合成数だとすれば，

$$p = qr$$

ならば

$$(qe)(re) = pe = 0$$

となり，零因子が存在しないという整域の定義に反することになるから，p は素数である．この場合 p をその整域の**標数**という．前に述べたこのような p が存在しないとき，整域の標数は 0 であるという．

2.4　有理整数の合同

ここで有理整数の合同概念をかえりみると

$$m \equiv n, \qquad (\mathrm{mod}\, p)$$

は $m - n$ が p で割り切れることを示している．たがいに合同な整数を類にまとめれば，p 個の類が得られ，それ等は

$$0, \ 1, \ \cdots, \ p - 1$$

によって代表される. この類の間の加法, 乗法を各類に含まれている整数に
より定義すれば, p 個の類は環をなす. この考え方は多項式についてすでに
述べたのと全く同一である. この環においては, m が p の倍数ならば, どの
類も m 倍すれば 0 になる. p が素数なるときはこの p 個の類は実は体をな
す. p で割り切れない整数 a に対しては,

$$af + pg = 1, \qquad af \equiv 1 \qquad (\bmod p)$$

なる整数 f, g が存在するからである. これは a の類が逆元を有すること,
すなわち単元なることを示している. 標数 p の整域は, すなわちこの p 個の
類のなす体を含んでいると考えても差支えない. 標数 p の整域においては任
意の元 a に対して

$$pa = pe \cdot a = 0$$

である. 逆に

$$ma = me \cdot a = 0, \qquad a \neq 0$$

ならば $me = 0$ となる. 標数 0 の整域では $m \neq 0$, $a \neq 0$ ならば $me \neq 0$
で上式からわかるように $ma \neq 0$ である. すなわち標数の如何は, 任意の元
$a \neq 0$ を取って, その倍数をつくってみればそれで判定できるのである. 標
数 0 の体が有理数体を含み, 標数 p の体が p 個の元の体を含むことは明らか
であろう.

2.5 *R*-加群. 作業素. 作用環

 1章において定義した多元数の算法をつぎの 3 種に分けて考えることにし
よう.

（1）　加法および減法

（2）　体の元との乗法

（3）　乗法

（1）については多元数は加群をなす. さらに（2）について考えてみるので

あるが，後に他の方面から必要になるので，問題を一般にして R-加群なる
概念を環 R に対して導入する．R を環，M を加群とし M の元 a と R の
元 k との間に結合——ak のように乗法で表わす——が与えられ，

　　Ⅰ　ak は M に属し一意的に決定される．

　　Ⅱ　$(a + a')k = ak + a'k$.

　　Ⅲ　$a(kk') = (ak)k'$,　　　$a(k + k') = ak + ak'$

であるとき，M を R-右加群という．右という字をつけるのは，M と R の
元の結合が ak の形で表わされることを示すものである．一般に加群の元 a
とある元 k との結合が定義され，Ⅰ，Ⅱが成立するとき，その元 k を加群の
作用素という．その結合が右より乗ずる形に表わされいるとき，とくに右作
用素という．M が R-右加群なるときは，R は作用素より成り，その上に
Ⅲが成立するとき R を M の右作用環という．

　　いま R の零を $0'$，M の零を 0 で表わせば

$$a0' = a(0' + 0') = a0' + a0'$$

であるから

$$a0' = 0$$

となる．また

$$0a = (0 + 0)a = 0a + 0a$$

であるから

$$0a = 0$$

である．ゆえに R の零と M の零を同じく 0 で表わしても間違いを起こす心
配はないわけである．

　　環 R' に対して R'-左群も同様に定義される．R' は左作用素から成り，左
作用環と呼ばれる．R を右作用環，R' を左作用環としてもつ加群 M におい
て

　　Ⅳ　　　　　　　　　　　　　　$k'(ak) = (k'a)k$

が成立するとき M を R'-R-両側加群という．体 K の元により定義される多元数が K-K-両側加群をなすことは明かである．

2.6　1次従属．階数．基

つぎに n 個の K の元により決定される如何なる多元数も適宜な n 個の多元数の1次式として一意的に表わされるという1章においてあげた多元数の特性（5）を吟味してみる．K を可換なることを必要としない体とし，M を K-右加群とする．かつ K の単位元1は M の如何なる元 a に対しても $a1 = a$ とする．M の元 a が同じく M の元 $b_1, b_2, \cdots, b_r$ の1次式——係数は K の元 k——なるとき：

$$a = b_1 k_1 + b_2 k_2 + \cdots + b_r k_r$$

a は $b_1, b_2, \cdots, b_r$ に1次従属であるという．この1次従属性に関してはつぎの三つの事実が基本的である．その証明は容易でほとんど自明であろう．

a)　$a_i, 1 \leqq i \leqq n,$ は $a_1, a_2 \cdots, a_n$ に1次従属である．

b)　b が $a_1, \cdots, a_n$ に1次従属で，$a_1, \cdots, a_{n-1}$ に1次従属ではないならば，a_n は $b, a_1, \cdots, a_{n-1}$ に1次従属である．

c)　c が $b_1, \cdots, b_n$ に1次従属で，b_i がすべて $a_1, \cdots, a_m$ に1次従属ならば，c は $a_1, \cdots, a_m$ に1次従属である．

b が $a_1, \cdots, a_n$ に1次従属でないとき，1次独立であるという．また $a_1, \cdots, a_n$ のいずれも他の $n-1$ 個の元に1次独立なとき，$a_1, \cdots, a_n$ が1次独立であるといい，そうでないとき1次従属であるといい，$a_1, \cdots, a_n$ が1次独立であるというのは，それは1章で述べたように

$$a_1 k_1 + \cdots + a_n k_n = 0$$

から K の元 $k_1, \cdots, k_n$ がすべて0なることを結論できることを示しているのである．これは K が体をなすからである．この等式が $k_i \neq 0$ に対して成立すれば，k_i^{-1} を乗じて a_i が $a_1, \cdots, a_{i-1}, a_{i+1}, \cdots, a_0$ に1次従属であることを

知る. 逆に a_i が他の元に1次従属ならば, a_i が他の a_j の1次式で表わされ, それは上記の1次等式が, 係数がすべては0にならずに成立することを示している.

上の基本定理から直ちに, $a_1, \cdots, a_{n-1}$ が1次独立で, $a_1, \cdots, a_n$ が1次独立でなければ a_n は $a_1, \cdots, a_{n-1}$ に1次従属であること, 有限個の元の集合の中から1次独立な元を取り出し, その集合のすべての元がそれらに1次従属になるようにできることなどが知られる.

2組の元 $a_1, \cdots, a_m, b_1, \cdots, b_n$ は a_i がすべて b_i の組に, b_j がすべて a_i の組に1次従属なるとき同値であるという. しかるときはつぎの定理が得られる.

$b_1, \cdots, b_m$ が1次独立で, b_i がすべて $a_1, \cdots, a_n$ に1次従属ならば a_i のうち適当な m 個を $b_1, \cdots, b_m$ で取り替えて得た n 個の元が $a_1, \cdots, a_n$ に同値になる. これは $m = 0$ のときは意味がなく成立するから, 帰納法によって証明する. すなわち $b_1, \cdots, b_{m-1}, a_m, \cdots, a_n$ が $a_1, \cdots, a_n$ に同値であると仮定する. b_m はもちろん前者にも1次従属であり, $b_1, \cdots b_{m-1}$ には1次独立なのだから, b_m は $b_j, \cdots, a_m$ に1次従属であると考えても差支えない. かつ a_m を取り去った残り $b_j, \cdots$ には1次独立であると仮定することができる. b_m の従属する最小個数の元を取ってくればよいからである. しかるときは基本定理によって a_m は $b_j, \cdots, a_m$ の a_m を b_m で取り替えた組に1次従属, すなわち $b_1, \cdots, b_m, a_{m+1}, \cdots, a_n$ に1次従属である. ゆえに $b_1, \cdots, b_m, a_{m+1}, \cdots, a_n$ と $b_1, \cdots, b_{m-1}, a_m, \cdots, a_n$ とは同値になり, 前者が $a_1, \cdots, a_n$ に同値であることがわかる.

とくに $b_1, \cdots, b_m$, と $a_1, \cdots, a_n$ がそれぞれ1次独立な組で, かつ同値であるとすれば, 上記の定理から $m \geqq n$, $m \leqq n$ が結論できるから $m = n$ である. K-右加群 M のすべての元が n 個の1次独立な元に1次従属であるとき, すなわち n 個の1次独立な元 $a_1, \cdots, a_n$ によって M のすべての元が

$$a_1 k_1 + \cdots + a_n k_n$$

の形に表わされるとき, n を M の**階数**, $a_1, \cdots, a_n$ を M の**基**という. この表示が一意的であることは, $a_1, \cdots, a_n$ が1次独立であることからわかる.

$$a_1 k_1 + \cdots + a_n k_n = a_1 l_1 + \cdots + a_n l_n$$

とすれば,

$$a_1(k_1 - l_1) + \cdots + a_n(k_n - l_n) = 0$$

となり, すべての i について $k_i = l_i$ でない限り $a_1, \cdots, a_n$ が1次従属になるからである. 多元数は K-右加群として階数が有限であるというのが1章で述べた（5）の性質である.

2.7 行列. 座標の変換

階数 n の K-右加群 M の基は一意的には決定されない. $a_1, \cdots, a_n$ および $b_1, \cdots, b_n$ がともに基であるときは, それは同値で,

$$a_i = \sum_{j=1}^{n} b_j k_{ji},$$

$$b_j = \sum_{t=1}^{n} a_t l_{tj}$$

のように K の元 k, l を用いて表わされる. これは幾何学における座標の変換に相当する. この二つの基の間の関係は, 行列

$$(K) = \begin{pmatrix} k_{11} \cdots k_{1n} \\ k_{21} \cdots k_{2n} \\ \vdots \qquad \vdots \\ k_{n1} \cdots k_{nn} \end{pmatrix}, \qquad (L) = \begin{pmatrix} l_{11} \cdots l_{1n} \\ l_{21} \cdots l_{2n} \\ \vdots \qquad \vdots \\ l_{n1} \cdots l_{nn} \end{pmatrix}$$

によって与えられる. いま $c_1, \cdots, c_n$ がまた基で

$$b_j = \sum_{n=1}^{n} c_s m_{sj}, \qquad (M) = \begin{pmatrix} m_{11} \cdots m_{1n} \\ m_{21} \cdots m_{2n} \\ \vdots \qquad \vdots \\ m_{n1} \cdots m_{nn} \end{pmatrix}$$

とすれば，$a_1, \cdots, a_n$ と $c_1, \cdots, c_n$ の間の関係は

$$a_i = \sum_{s=1}^{n} c_s \sum_{j=1}^{n} m_{sj} k_{ji}$$

により与えられるから，それを表わす行列は

$$(N) = \begin{pmatrix} n_{11} \cdots n_{1n} \\ n_{21} \cdots n_{2n} \\ \vdots \quad\quad \vdots \\ n_{n1} \cdots n_{nn} \end{pmatrix}, \qquad n_{si} = \sum_{j=1}^{n} m_{sj} k_{ji}$$

である．ゆえに周知のように，

$$(M)(K) = (N)$$

により行列の乗法は定義される．

$$(E) = \begin{pmatrix} 1 & 0 & \cdots\cdots & 0 \\ 0 & 1 & \cdots\cdots & 0 \\ \vdots & \vdots & & \vdots \\ 0 & 0 & \cdots\cdots & 1 \end{pmatrix}$$

なる表示を用いれば，明らかに

$$(K)(L) = (L)(K) = (E)$$

である．これは基の1次独立性から結論できることで，(K) と (L) をたがいに他の逆行列といい $(K) = (L)^{-1}$，$(L) = (K)^{-1}$ なる表示を用いる．

　以上の所論は K が体でなくとも一般に単位元 1 を有する環で，M の元 a に対し常に $a1 = a$ であれば成立する．ただしそのときは M の元が基の1次式として一意的に表わされることを要するのはもちろんである．

2.8　相似な行列

　M の元を M の中に写す写像 $a \to a'$ にて $ak + bl \to a'k + b'l$ であるとき，その写像は M の基の像により決定される．いま $a_1, a_2, \cdots, a_n$ なる基の像が $a_1', a_2', \cdots, a_n'$ で，

$$a'_i = \sum_{j=1}^{n} a_j k_{ji}$$

なるときは，この写像は $a_1, \cdots, a_n$ なる基を固定して考えれば，やはり (K) なる行列により与えられる．これが行列の持つ第2の意味である．そのときは $a_1', \cdots, a_n'$ は1次独立であることを必要としない．$a_1', \cdots, a_n'$ が1次独立ならば，その写像により M が M 全体に写されることになり，a_i が a_j' の1次式で表わされ，結局 (K) が逆行列を有することになる．

この考えをさらに一般にして M, N をそれぞれ階数 m, n の K-右加群とし，その基を $a_1, \cdots, a_m$; $b_1, \cdots, b_n$ とする．M の N の中への写像

$$a \to b, \qquad ak + a*l \to bk + b*l$$

を考えれば，その写像は $a_1, \cdots, a_n$ の像

$$a_i' = \sum b_j k_{ji}. \qquad i = 1, \cdots, m$$

により決定されるのであるから，結局行列

$$(K) = \begin{pmatrix} k_{11} \cdots\cdots k_{1m} \\ \vdots \qquad \vdots \\ k_{n1} \cdots\cdots k_{nm} \end{pmatrix}$$

により決定される．ここに行と列の数の異なる行列を必要とする．N を第3の階数 p の K-右加群 P の中に写す写像が行列 (L) により決定されれば，この写像を続けて行なうことにより得られる M の P の中への写像は行列 $(L)(K)$ によって決定される．ここに行列の積とは前と同じように簡単な記述を用いれば，

$$(l_{ij})(k_{ij}) = \left(\sum_{t=1}^{n} l_{it} k_{tj} \right)$$

を示す．行列の右下の添数 $((K)$ にては n, $m)$ をもってその行列の型と呼ぶことにすれば，(L) は (p, n) 型，(K) は (n, m) 型で，その積は (p, m) 型である．この行列の乗法を便宜のため使用すれば，上記 a_i' と b_j の関係式を

$$(a_1' \cdots a_m') = (b_1 \cdots b_n) \begin{pmatrix} k_{11} \cdots\cdots k_{1m} \\ \vdots \qquad \vdots \\ k_{n1} \cdots\cdots k_{nm} \end{pmatrix}$$

と書くこともできよう．さらにこれを

$$(a_1'\cdots a_m') = (b_1\cdots b_n)(K),$$

または
$$(a_i') = (b_i)(K)$$

と書くこともできる．この表示法は基の変換に際しても用いられる．M の M 全体への写像と基の変換とは同一式を二つの面から眺めて解釈したのに過ぎないとも考えられる．

写像は基と行列によって決定されるのであるが，基を代えれば同一写像が異なる行列によって決定される．簡略した表示法を用いて

$$(a_i') = (a_i)(K)$$

により写像を，

$$(b_i) = (a_i)(P)$$

により基の変換を表わすことにする．しかるとき (b_i) の像 (b_i') は

$$(b_i') = (a_i')P = (a_i)(K)(P) = (b_i)(P)^{-1}(K)(P)$$

である．ゆえに (a_i) と (K) で決定される写像はまた (b_i) と $(P)^{-1}(K)(P)$ により決定される．このような行列 (K) と $(P)^{-1}(K)(P)$ はたがいに**相似**であるという．

R-加群を定義するときに導入した左作用素なる概念を思い出してみる．写像を κ で表わし，a の像を κa とすれば，κ は M の左作用素であり，λ を同じく一つの写像とすれば，$\kappa\lambda$ には κ および λ に対応する行列の積が対応する．ゆえに行列の和も

$$(\kappa + \lambda)a = \kappa a + \lambda a$$

に従って定義すべきであり，このようにして

$$(k_{ij}) + (l_{ij}) = (k_{ij} + l_{ij})$$

なる行列の加法の定義が得られる．しかるとき n 行 n 列，すなわち n 次の行列全部が環をなすことは容易に計算により確められる．さらに行列と K の元との乗法は

$$k(k_{ij}) = (kk_{ij}), \qquad (k_{ij})k = (k_{ij}k)$$

により定義する．しかるときは n 次の行列全部は K-K-両側加群であり，その階数は n^2 である．また任意の行列 $(A), (B)$ に対して，もし K が可換体ならば，

$$k(A) = (A)k, \qquad (A)\cdot(B)k = (A)k\cdot(B) = (A)(B)\cdot k$$

である．

2.9 多元数の定義

以上で行列の話を打ち切って多元数の定義に入ろう．K を可換体——これから単に体という——とする．多元環とは K-K-両側加群 M で同時に環をなし，つぎの条件を満足するものをいう．

$$ka = ak, \qquad a \in M, \qquad k \in K, \qquad (2.1)$$
$$a\cdot bk = ak\cdot b = ab\cdot k. \qquad (2.2)$$

条件 (2.1) により M は K-右加群と考えても，K-左加群と考えても全く同一性質を有することがわかる．M が K-右加群として階数有限なる場合のみを本書では取り扱う．(2.2) は環をなすとの仮定から当然要求される結合律には含まれない．k が M に属すとは限らないからである．M が環として単位元 1 を有するときは，k の代りに $1k$ を用いることができるから，条件 (2.2) は不必要で，それは M の結合律に含まれる．多元環の元を多元数という．

M が階数 n の多元環なるときは n 個が 1 次独立である元 $a_1, \cdots, a_n$ をとれば M の元はその 1 次式

$$a_1k_1 + \cdots + a_nk_n, \qquad k_n \in K$$

として一意的に表わされる．M が環であるから

$$a_ia_j = \sum_{t=1}^{n} a_t k_{tij} \qquad (2.3)$$

となり，結合律により 1 章においてすでに計算した通り

$$\sum_{t=1}^{n} k_{stl}k_{tij} = \sum_{t=1}^{n} k_{sit}k_{tjl} \tag{2.4}$$

を得る．逆にこの等式 (2.3)，および条件 (2.1)，(3.2) と分配律を仮定すれば，K-右加群，M は多元環をなすことがわかる．乗法に関する結合律が簡単に証明されるからである．

2.10　行　列　環　L_n

任意の体の上の四元数は **1，i，j，k** を基とする多元環をなす．実数体の上の四元数のように多元環で同時に（一般に可換でない）体をなすものを多元体という．K の元を分子とする n 次の行列全部は多元環をなす．添数 i，j に当る所だけ 1，他はすべて 0 なる行列を E_{ij} で表わせば E_{ij}，$i,j = 1, \cdots, n$，は基をなし，その間の乗法は

$$E_{ij}E_{kl} = E_{il} \qquad j = k$$
$$= 0, \qquad j \neq k$$

によって与えられる．L が K の上の多元環であるとき，L の元を分子とする n 次の行列全部は，また K の上の多元環をなす．$a_1, \cdots, a_m$ を L の基とすれば，$a_\kappa E_{ij}$ なる mn^2 個の元が基をなし，$a_\kappa E_{ij} = E_{ij}a_\kappa$ であることに注目すれば，基の間の乗法は $a_1, \cdots, a_n$ の間の乗法により容易に与えることができる．このような多元環を L_n にて表わすことが多い．

2.11　群．Abel（アーベル）群

最後に数学全般にわたって重大な役割を演じている群なる概念について述べよう．2.8 で述べたような K-右加群 M の M 全体への写像を考えてみる．M の基を固定すれば，それは行列 (K)，(L)，$\cdots$ によって表わされる．それらの写像に対しては逆の写像が存在している．すなわち如何なる写像に

対しても第 2 の写像が決定され，その両者を続けて行なえば M の元はもとに戻って動かなくなる．換言すれば，写像の積が単位写像になる．これを行列の方でいえば逆行列 $(K)^{-1}$ が存在する：

$$(K)(K)^{-1} = (K)^{-1}(K) = E.$$

このような M の M 全体への写像全部のなす集合をその乗法について抽象化すれば，つぎのような群の定義が得られる．群とは一意的の乗法の定義された集合で，その如何なる元 a に対しても

$$1a = a1 = a \qquad\qquad (2.5)$$

なる元 1——これを単位元という——が存在し，

$$a^{-1}a = aa^{-1} = 1 \qquad\qquad (2.6)$$

なる元 a^{-1}——これを a の逆元という——が存在し，かつ結合律の成立するが如きものである．

この定義から群には単位元は唯一つきりないこと，および逆元 a^{-1} は a により一意的に決定されることが容易に知られる．この定義はまたつぎのように述べることもできる．

$a,\ b,\ c$ のうち二つを与えれば

$$ab = c$$

を満足する第 3 の元が一意的に決定される．かつ乗法に関する結合律の成り立つような集合は群をなすという．$a,\ b$ を与えて c が決定されることは，第 1 の群の定義ですでにわかっている．$a,\ c$; $b,\ c$ が与えられたときは上の式に $a^{-1},\ b^{-1}$ を左，右から乗じて結合律を用いれば，

$$b = a^{-1}c, \qquad a = cb^{-1}$$

を得る．つぎに第 2 の定義の条件を仮定し，

$$eb = b$$

なる元 e を一つの b に対して決定する．任意の元 x に対し

$$by = x$$

なる元 y が存在するから，それを右から乗じて

$$eby = by, \qquad ex = x$$

を得る．同様に任意の元 x に対して

$$xe' = x$$

なる元 e' の存在することがわかるが，

$$e = ee' = e'$$

であるから，この元 e が単位元である，$e = 1$．しかるときは条件 (2.6) は $c = 1$ であるときの第 2 の定義の条件にほかならない．これで二つの定義の同価値なることが証明された．

　群において乗法の交換律は一般に仮定しない．K-右加群の写像の例でもそれは一般に成立していない．しかしこの第 2 の定義を加群の定義——それは加法に準じて定義されたものであるが——と比較すると，交換律を度外視すれば乗法と加法の違いだけである．結合を乗法または加法などで表わすのは，そのときの便宜または具体的背景によるので理論的意味はないのであるから，加群とは加法を用いて結合を表わしたときの交換律の成立する群——これを**アーベル群**または**可換群**という——にほかならないことがわかる．

3 章

基 本 概 念

3.1 同　　型

　2章で述べた諸概念，加群，K-加群，環，多元環，群などはみな種々な運算——加法，乗法，Kの元との乗法——の与えられた集合で，ここではそれらの集合の運算に関する性質を研究する．そのような数学が代数学である．ゆえに運算について全く同一の構造を有するものは代数的には全く同一の性質をもつ．たとえば有理整数全部と偶数全部とは，加法について全く同じ構造をもつ．この全く同じ構造をもつということを数学的にはつぎのようにいい表わすことができる．同一種類の算法を有する（正確には算法を同一種類のものとみなして）二つの集合——代数系——の元の間に1対1の対応を与え，それに同一運算を施こしたとき得る元がまた対応するとき，この両者を**同型**であるという．整数aに偶数$2a$を対応させると，整数の加群と偶数の加群が同型になる．また，それと $x^a(a$は整数）の乗法を加法とみなした群（$x^a x^b = x^{a+b}$）とは同型である．

　M, M' なる K の上の二つの多元環があったとき，その元の間に a——a' なる1対1の対応を与え，$a+b$——$a'+b'$，ab——$a'b'$，ak——$a'k$，$k \in K$ なるとき，M と M' が同型であるというのである．けだし多元環は算法として加法，乗法およびKの元との乗法をもっているからである．$a+b$——$a'+b'$ であることから，$a-b$——$a'-b'$ であることは容易に証明される．たとえば複素数体 K の上の四元環は K の元を分子とする2次の行列の環と

同型である．また Hamilton（ハミルトン）の定義による複素数体は Cauchy（コーシー）の定義による複素数体に同型である．

多元体は多元環として同型ならば体として，すなわち除法を考えても同型である．

3.2　準同型．イデアル．剰余環．準同型定理

同型なる概念を少しゆるくしてつぎのように準同型なる概念を得る．1対1の対応を固執しないで，M の一つの元には M' の唯一つの元が対応するが，M' の一つの元には M の少なくとも一つの元が対応し，それが必ずしも唯一つとは限らないときも，対応する元に算法を施こして得た元がまた対応するならば，この M' は M に準同型であるという．しかるときその対応関係を図解すると

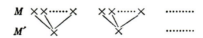

となる．すなわち M の元を幾つかの組——類——にわけることができる．

M' の元 a', b' に対応する M の任意の元を a, b とすれば，これに算法を施して得られる元 c は，a, b の取り方如何にかかわらず a', b' に算法を施こして得る元に対応する．すなわち同一類に属する．したがって類の算法をそれに含まれる元の算法によって定義することができる．このような例は多項式または有理整数の合同について論ずるときに見られる．

多元環 M' が M に準同型なるときは，M' の零に対応する M の元はつぎの性質をもつ集合 N をつくる．

1)　N は多元環をなす．このように M に含まれる多元環を部分環という．

2)　N の元と M の元との積は，その順序如何にかかわらず，また N の元である．

（これを

$$aN \subseteq N, \qquad Na \subseteq N, \qquad a \in M$$

と表わす）．これらは M' の零 $0'$ のつぎの性質から，準同型の定義により直ちに導かれる事実である．

$$0' \pm 0' = 0', \qquad a'0' = 0'a' = 0', \qquad k0' = 0'.$$

a と b が同じ類に属するとすれば，$a-b$ は $a-a=0$ と同じ類に属するから，N に属す．逆に $a-b$ が N に属すれば，a と b は同じ類に属す．

逆に上記の性質 1)，2) を有する部分集合 N が与えられたとき，$a-b$ が N に属するような元 a, b を同じ組にすれば，M は類にわかれる．なぜならば $a-a=0 \in N$ であるから a はどれかの組に入り，$a-b \in N$ ならば $b-a \in N$，また $a-b \in N$, $b-c \in N$ ならば $a-b \in N$ であるから，二つの組は共通な元をもたない．a を含む組と c を含む組が共通元 b を持てば，a と c が同じ組に属さなくてはならないからである．つぎにこの類の間の算法をその含む元により定義する．$a-a' \in N$ を

$$a \equiv a' \qquad (N)$$

で表わせば，すでに多項式の合同について知っている通り，

$$a_1 \equiv a_2, \qquad b_1 \equiv b_2 \qquad (N)$$

から，

$$a_1 \pm b_1 \equiv a_2 \pm b_2, \qquad a_1 b_1 \equiv a_2 b_2, \qquad a_1 k \equiv a_2 k$$

が得られるから，この類の間の算法の定義は可能である．もちろんこの類別は N によって一意的に常に決定される．N を M の**イデアル**といい，N によって決定される類のなす多元環を，N を法とする**剰余環**といい，M/N で表わす．この剰余環と準同型対応との関係は，上に述べた通りで，つぎのようにいい表わされる．

準同型定理　多元環 M' が M に準同型なるときは，M' は或る剰除環 M/N に同型である．ここに N は M' の零に対応する M の元から成る

イデアルである．また剰余環 M/N は，その類にそれに含まれる M の元を
対応させれば，M に準同型である．

3.3 第1同型定理．第2同型定理

この定理を一般にして

第1同型定理   多元環 M' が M に準同型なるとき，M' のイデアル N'
の元に対応する M の元は M のイデアルをつくり，それを N とすれば，
M'/N' と M/N は同型である．

$N' = 0'$ のときが準同型定理である．M'/N' は M' に，M' は M に準
同型であるから，M'/N' は M に準同型である．その準同型対応をしらべて
みると，M'/N' の零元は類 N' で，それに対応するのが M における N の
元であるから，M'/N' の零元には M のイデアル N が対応し，M'/N' と
M/N が同型になること準同型定理の教えるところである．

M のイデアル N を含む M の部分環 P をとれば P/N は M/N の部分
環であり，逆に M/N の部分環は，N を含む M の適当な部分環 P をとれ
ば，P/N にて与えられる．また P/N は P が M のイデアルであるとき，
そのときに限り M/N のイデアルである．これ等はイデアルおよび剰余環の
定義から直ちに得られる結果である．$P \supseteq N$ がともに M のイデアルであ
るときは，$(M/N)/(P/N)$ は M/P に同型である．M/N と M の準同型対
応にて P/N に対応するイデアルが P だからである．

N_1 と N_2 が M の部分環なるとき，両者に共通な元はまた M の部分環を
なし，$N_1 \cap N_2$ にて表わされる．両者がイデアルであるときは，$N_1 \cap N_2$
もイデアルである．N_1 と N_2 の合併集合は一般に部分環をつくらない．N_1
と N_2 の両方を含むすべての部分環に共通な元は部分環をつくる．これを
$N_1 \cup N_2$ にて表わす．

いま，たとえば N_1 がイデアルなるときは，$N_1 \cup N_2$ は N_1 の元と N_2

の元の和より成っている．$N_1 \cup N_2$ が N_1 の元と N_2 の元の和をすべて含んでいることは明らかであるが，逆に

$$(a_1 + a_2) \pm (b_1 + b_2) = (a_1 \pm b_1) + (a_2 \pm b_2),$$

$$(a_1 + a_2)(b_1 + b_2) = a_1 b_1 + a_2 b_1 + a_1 b_2 + a_2 b_2$$

で N_1 がイデアルであるから，第2式の右辺第1, 2, 3項は N_1 の元である．ゆえに N_1 の元と N_2 の元の和は部分環をつくる．（K の元 k に対しては

$$(a_1 + a_2)k = a_1 k + a_2 k$$

であるから問題はない）ゆえに $N_1 \cup N_2$ は N_1 の元と N_2 の元の和より成る．$N_1 \cup N_2$ はこの両者がイデアルであるときはまたイデアルをなす．

第2同型定理　　N_1 が M のイデアル，N_2 が部分環なるときは $N_1 \cup N_2 / N_1$ と $N_2 / N_1 \cap N_2$ は同型である．

　$N_1 \cup N_2 / N_1$ の類は N_2 の一つの元と N_1 のすべての元の和から成っているから，常に N_2 の元を含んでいる．$N_1 \cup N_2 / N_1$ の類別で，N_2 の元にのみ注目すれば，N_2 のイデアル $N_1 \cap N_2$ を法とする剰余類別が得られる．ゆえに $N_1 \cup N_2 / N_1$ と $N_2 / N_1 \cap N_2$ とは同型である．つまりこれは $N_1 \cup N_2 / N_1$ の各類が N_2 の元を含んでいることと，類の算法がその含む元によって決定されることから知られることである．

3.4　直　　　和

　すべて K の上の多元環なる $S_1, S_2, \cdots, S_r$ の元 $a_1, a_2, \cdots, a_r$ により，

$$(a_1, a_2, \cdots, a_r)$$

なる記号を考える．かかる記号の間につぎのような算法を定義する．

$$(a_1, a_2, \cdots, a_r)(b_1, b_2, \cdots, b_r) = (a_1 + b_1, \cdots, a_r + b_r),$$

$$k(a_1, \cdots, a_r) = (a_1, \cdots, a_r)k = (a_1 k, \cdots, a_r k)$$

$$(a_1, \cdots, a_r)(b_1, \cdots, b_r) = (a_1 b_1, \cdots, a_r b_r).$$

しかるときかかる記号全部が多元環をつくることは明らかである．これを $S_1, \cdots, S_r$ の**直和**という

$$\bar{a}_i = (0, \cdots, 0, a_i, 0, \cdots, 0)$$

と置けば，$\bar{a}_i$ は S_i と同型なる多元環 $\bar{S}_i$ をつくり，

$$(a_1, \cdots, a_r) = \bar{a}_1 + \cdots + \bar{a}_r$$

いま S_i の直和を S で表わせば $\bar{S}_i$ は S のイデアルである．

多元環 M のイデアル M_i の直和 $\bar{M}$ をつくるとき，M が $\bar{M}$ に同型であり，その同型対応にて M_i と $\bar{M}_i$ が対応するとき，M はイデアル $M_1, \cdots, M_r$ の直和であるといい，

$$M = M_1 + \cdots + M_r$$

にて表わす．

以上のように直和という概念には――ちょうど座標によって1次元から高次元の空間を構成するように――構成的な面，すなわち与えられた多元環 $S_1, \cdots, S_r$ から直和 S を構成すること，および――高次元空間の問題を1次元すなわち数の問題に直すように――解析的な面，すなわち M をイデアルの直和に分解すること，この二つの面がある．多元環 M をイデアルの直和に分解する場合には，上の定義は間接的で不便である．そのために同価値なる定義を二つ与えて置こう．

M のすべての元がイデアル $M_1, \cdots, M_r$ の元の和として一意的に表わされるとき，M は $M_1, \cdots, M_r$ の直和である．この条件が必要条件なることは明らかである．M の元を

$$a = a_1 + a_2 + \cdots + a_r, \qquad a_i \in M_i$$

により一意的に表わし，それに $M_1, \cdots, M_r$ の直和 M^* の元 $(a_1, a_2, \cdots, a_r)$ を対応させれば，M と M^* が同型であることがわかる．

$$\sum a_i \pm \sum b_i = \sum (a_i \pm b_i)$$

であることはもちろん，表示の一意性から $a_i b_j \in M_i \cap M_j,\ i \gtrless j$，したが

って $a_i b_j = 0,$ であることがわかり

$$(\sum a_i)(\sum b_j) = \sum a_i b_i$$

を結論できるからである.

M の元がともかくイデアル $M_1, \cdots, M_r$ の元の和として表わされ:

$$M = M_1 \cup M_2 \cup \cdots \cup M_r,$$

かつ

$$M_i{}^* = M_1 \cup \cdots \cup M_{i-1}$$

と置くとき, $M_i \cap M_i{}^* = 0$ (0 のみより成る集合) ならば, M は $M_1, \cdots,$ M_r の直和である. 表示の一意性から直ちに $M_i{}^* \cap M_i = 0$ であることがわかるからこの条件は必要である. 逆に表示が一意的でないとすれば,

$$\sum_{s=1}^{i} a_s = \sum_{s=1}^{i} b_s, \qquad a_i \neq b_i, \qquad i \leqq r$$

から

$$\sum_{s=1}^{i} (b_s - b_s) = 0$$

を得て, $M_i \cap M_i{}^*$ は $-\sum_{s=1}^{i-1}(a_s - b_s) = a_i - b_i \neq 0$ を含むことになるから, この条件は十分条件でもある.

ついでに直和に関する簡単な定理を一括して置こう. 証明はいずれも簡単である.

$$M = N + N', \qquad N = A_1 + \cdots + A_r, \qquad N' = A_1' + \cdots + A_s$$

ならば

$$M = A_1 + \cdots + A_r + A_1' + \cdots + A_s'$$

である.

$$M = A_1 + \cdots + A_r = C_1 + \cdots + C_r, \qquad C_i \subseteq A_i'$$

ならば

$$A_i = C_i$$

である.

$$M = A+B, \qquad M \supseteq N \supseteq A$$

ならば

$$N = A + (B \cap N)$$

である. これは N が部分環ならば成立する.

3.5　K-加群

　以上多元環について同型, 準同型, 直和なる概念を発明したが, この考え
は K-加群, 群など多くの他の代数系に適用できるのであって, 要は如何な
る算法を対象にするかにある. すなわち一定の算法を与えてその算法につい
て同型, 準同型, 直和等というべきで, その代りに多元環として同型等々の
言葉を用いるのである. ただしそのとき, 多元環のイデアルに相当するもの
の特性は, 対象になる代数系によって当然異なる. たとえば群では正規部分
群が多元環のイデアルに相当する. ここに正規部分群とは, 群の如何なる元
a に対しても, $aHa^{-1} = H$ なる部分群をいう. 本書では一般の群より, む
しろ K-加群がより多く用いられるから, 加群について上記多元環に関する
諸概念の類推を述べてみよう.

　K が体であるとき, K-右加群 M の算法は加法と減法および K の元と
の乗法であるから, K-右加群 M' が M に準同型であるというのは, M の
元に対応する M' の元が一意的に定まり, 対応する元の和がまた対応するこ
と——これは単なる加群としての準同型なることを意味する——および K の
元との積がまた対応することを意味している. すなわち M の元 a, b と M'
の元 a', b' が対応するとき, $a + b$ と $a' + b'$, および K の元 k に対して
ak と $a'k$ が対応することを意味しているのである. M' の 0 に対応する M
の元は部分加群 M_0 をなし, その中で 1 次独立な元 $a_1, \cdots, a_r$ をとり, それ
を M の適当な 1 次独立な元 $a_{r+1}, \cdots, a_n$ で補充して, M のすべての元を

$$a_1 k_1 + \cdots + a_r k_r + a_{r+1} k_{r+1} + \cdots + a_n k_n$$

により，また M_0 の元を

$$a_1 k_1 + \cdots + a_r k_r$$

により，ともに一意的に表わすようにできる．M の階数がnであるときは，n個の１次独立な元をとれば，それが常に M の基になっているからである．この場合 M' は $a_{r+1} k_{r+1} + \cdots + a_n k_n$ なる元から成る加群に同型になる．以上によって明らかなように，K-右加群の型はその階数によって決定される．さらに M' が M に準同型になるときは，M は M' と他の K-右加群との直和に同型になる．これが K-右加群に対する準同型定理の精密な形である．

　以上の考察をもとにして，K-右加群に対して第１同型定理および第２同型定理を精密にすることは容易である．

　多元環は乗法を度外視すれば K-両側加群――もちろん K-右加群――であるから，そのイデアル A が与えられたとき，$a_1, \cdots, a_n$ が M の基，$a_1, \cdots, a_r$, $r \leqq n$, が A の基になるように取れる．しかしてその場合 $a_{r+1}, \cdots, a_n$ は一般に M の部分環の基を成していない．$i, j > r$ に対して

$$a_i a_j = \sum_{k=1}^{r} a_k \kappa_k + \sum_{k=r+1}^{n} a_k \kappa_k$$

なるとき，新しく

$$a_i a_j = \sum_{k=r+1}^{n} a_k \kappa_k, \qquad i, j > r$$

によって乗法の定義される多元環を考えれば，それが M/A に同型な多元環をなす．準同型定理はこのような基 $a_1, \cdots, a_n$ を取ることが可能であることを示しているのである．とくに $a_{r+1}, \cdots, a_n$ もイデアル B の基になるように取れるときがすなわち M が A と B の直和になる場合である．

3.6　右イデアル．左イデアル．表現加群．表現．正則表現

　多元環に関する算法において，乗法をそのまま算法と考えず，多元環 M

を，それ自身の元を右または左から乗ずる算法を有する K-（両側）加群と考えることができる．すなわち M は K-加群の算法のほかにすべての元 a に元 b を右または左から乗ずる算法，つまり a を ab（または ba）に写す写像 φ_b を算法とする代数系と考えるのである．

そのような代数系と考えたとき，その部分系——算法に対して閉じている部分集合——を右（または左）イデアルという．右イデアルで同時に左イデアルなるものがすなわち多元環の意味でのイデアルである．

M をまず K-右加群と考えれば，φ_b は M の自己準同型写像，すなわち M のそれ自身の中への準同型写像を表わす．M の元 a の φ_b による像を a^{φ_b} とすれば，

$$(a + a')^{\varphi_b} = (a + a')b = ab + a'b = a^{\varphi_b} + a'^{\varphi_b},$$
$$(ak)^{\varphi_b} = akb = abk = a^{\varphi_b}k$$

だから，a^{φ_b} は M に属し，M に準同型な K-加群をなす．この点に注目して，イデアルに関する考えを一般にすることができて，それが多元環の表現論の基礎をなすのである．

M を K-右加群，A を K の上の多元環とし，この両者の間の結合を仮に m^α にて表わすことにする．m は M の元，a は A の元である．2.5 で述べた R-右加群の定義にならい，つぎの法則が成立するとき M を A-加群または A の**表現加群**という．

　i ）　m^a は M の元である．

　ii ）　$(m_1 + m_2)^a = m_1{}^a + m_2{}^a$, 　　$(mk)^a = (m^a)k$

　iii ）　$m^{a+b} = m^a + m^b$, 　　$m^{(ab)} = (m^a)^b$, 　　$m^{ak} = (m^a)k$.

ii ）は a が M の自己準同型写像を起こすことを示している．一般に K-右加群 M の自己同型写像 φ の間には iii ）のように

$$m^{\varphi_1+\varphi_2} = m^{\varphi_1} + \varphi_2, \quad m^{(\varphi_1\varphi_2)} = (m^{\varphi_1})\varphi_2, \quad m^{\varphi k} = (m^\varphi)k$$

によって算法を定義することができることが容易に確められるので，iii ）は

与えられた多元環の算法が自己準同型写像としての算法に一致することを示
している. すべての m に対して $m^a = 0$ なる元 a は, A のイデアルをつ
くり, それを法とする A の剰余環が M の自己準同型写像のなす多元環の
部分環に同型になるのである. それならば M の自己準同型写像のつくる環
とはどんなものか. M の基を $e_1, \cdots, e_n$ とする. M の元

$$e_1 \kappa_1 + \cdots + e_n \kappa_n$$

は自己準同型写像 φ によって,

$$r_1^\varphi \kappa_1 + \cdots + e_n^\varphi \kappa_n$$

に写されるのであるから, φ は基 $e_1, \cdots, e_n$ の像によって決定される.

$$e_i^\varphi = e_1 \kappa_{i1} + e_2 \kappa_{i2} + \cdots + e_n \kappa_{in}$$

とすれば, φ は行列

$$(\kappa_{ki}) = \begin{pmatrix} \kappa_{11} & \kappa_{12} \cdots \cdots \kappa_{1n} \\ \kappa_{21} & \kappa_{22} \cdots \cdots \kappa_{2n} \\ \vdots & \vdots \qquad \vdots \\ \kappa_{n1} & \kappa_{n2} \cdots \cdots \kappa_{nn} \end{pmatrix}$$

によって決定される. この事実を行列算を利用して

$$(e_1 \cdots e_n)^\varphi = (e_1^\varphi \cdots e_n^\varphi) = (e_1 \cdots e_n)(\kappa_{ki}).$$

またはさらに簡単に

$$(e^\varphi) = (e)(\kappa_{ki})$$

で表わすのが便利である. いま ψ を他の自己準同型写像で

$$(e^\psi) = (e)(\lambda_{ki})$$

とすれば,

$$(e^{\varphi + \psi}) = (e)(\kappa_{ki} + \lambda_{ki}),$$

$$(e^{\varphi\kappa}) = (e)(\kappa \kappa_{ki}), \qquad (\kappa \in K)$$

$$(e^{\varphi\psi}) = (e)[(\lambda_{ki})(\kappa_{ki})]$$

となるから, 自己準同型写像の間の算法には行列の間の算法が対応してい
る. しかし乗法の順序は逆になる. それは対応させる行列の決め方に起因す

るので，ここで与えた行列の代りにその行と列を入れ替えたいわゆる転置行列を対応させれば乗法の順序も同じになる．いま基 $e_1, \cdots, e_n$ を固定するとき，如何なる行列も一意的に自己準同型写像を決定することは明らかであるから，自己準同型写像のなす多元環は K の元を係数とする n 次の行列全体のなす多元環に乗法の順序を逆にして同型である．これを簡単に **逆 同 型** という．ゆえに A の表現加群 M が与えられたときは，A の元 a, b の積 ab には，$\varphi_b \varphi_a$ が対応するのであるが，A の元とそれに対する行列とでは乗法の順序も同じくなって，A の剰余環，すなわち A に準同型なる多元環が行列によって同型に表わされる．一般に多元環 A に準同型な，同じく K の上の行列のなす多元環を，その対応も考えて，A の **表現** という．すなわち A の表現加群 M が与えられれば，その1組の基を固定して，一つの表現が得られる．これが Noether（ネーター）の表現論における根本的な考え方である．ここでは簡単のために M もまた K-右加群としたが，実は M が K を含む体 K^* に対して K^*-右加群であれば，以上の議論は成り立つので，その際 K^* においては乗法に関する交換律も仮定する必要がないのである．

　多元環 A の左イデアルを考えたときのことを想起すれば，A の左イデアルは A の表現加群である．そのとき左イデアルの元 l に al を対応させれば，左イデアルの自己準同型写像 φ_a が得られ，φ_a に対応する行列 (a) を考えれば，ab には $(a)(b)$ が対応する．とくに A 自身を A の表現加群と考えて得られる表現を A の **正則表現** という．

3.7　相似表現．可約表現．既約表現．直可約表現．直既約表現

　多元環 A の表現は表現加群 M によってはまだ決定されないので，その基 $m_1, \cdots, m_n$ を定めて初めて決定される．いま他の基 $m_1', \cdots, m_n'$ をとれば，表現に如何なる変化が起こるか．

$$(m) = (m')(p_{\kappa i})$$

とすれば, 行列 (p_{ki}) は逆行列を持つ. 我々が簡単のために取り扱っているように, M も K-右加群なるときは行列式が考えられ, (p_{ki}) の行列式は 0 でない. それはここでは使わないので, 前と同様

$$(m^{\varphi}) = (m)(\kappa_{ki})$$

で表現が与えられているとすれば,

$$(m'^{\varphi})(p_{ki}) = (m')(p_{ki})(\kappa_{ki}),$$

$$(m'^{\varphi}) = (m')(p_{ki})(\kappa_{ki})(p_{ki})^{-1},$$

すなわち φ に (κ_{ki}) の代りに $(p_{ki})(\kappa_{ki})(p_{ki})^{-1}$ を対応させることにより, 新しい表現——(m') によって決定される表現——が得られる (2.8 参照). (p_{ki}) を任意の逆を有する行列とするとき, (κ_{ki}) とともに $(p_{ki})(\kappa_{ki})(p_{ki})^{-1}$ は常に A の表現をつくり, (κ_{ki}) による表現に**相似な表現**と呼ばれる. すなわち基の取り方によっては相似表現が得られるに過ぎない.

　それならば或る表現の相似表現を適当にとって, その形を簡単にすることは, 表現加群の基を適当に取ることによって得られなければならない. 表現加群に関する定理には, 表現の方で考えて, 或る定理が対応していなくてはならない. ここでは, すでに多元環, K-加群について知っている準同型定理について考えてみる. 表現加群に対しては, 多元環におけるイデアルに相当するのは, 部分加群で, かつ A の表現加群になっているもの——多元環の左イデアルのように——である. これをまた簡単に表現加群 M の部分加群と呼ぶことにしよう. 部分加群 N の基を $m_1, \cdots, m_i$ とし, M の基をそれ等を含むように $m_1, \cdots, m_r, m_{r+1}, \cdots, m_n$ とする. そのとき $m_{r+1}, \cdots, m_n$ は一般には部分加群の基にはならないが, それ等の基を用いると, 表現は

$$(m_1{}^{\varphi}\cdots m_r{}^{\varphi}m_{r+1}{}^{\varphi}\cdots m_n{}^{\varphi}) = (m_1\cdots m_r m_{r+1}\cdots m_n)\begin{pmatrix} \kappa_{11}\cdots\kappa_{1r} & \kappa_{1\ r+1}\cdots\cdots\kappa_{1n} \\ \vdots \quad \vdots & \vdots \qquad \vdots \\ \kappa_{r1}\cdots\kappa_{rr} & \kappa_{r\ r+1}\cdots\cdots\kappa_{rn} \\ 0\ \cdots\ 0 & \kappa_{r+1\ r+1}\cdots\kappa_{r+1\ n} \\ \vdots \quad \vdots & \vdots \qquad \vdots \\ 0\ \cdots\ 0 & \kappa_{n\ r+1}\cdots\cdots\kappa_{nn} \end{pmatrix}$$

のように，左下に 0 が現われてくる．この行列を簡単に――部分行列を用いて――

$$\begin{pmatrix} K_1 & K' \\ 0 & K_2 \end{pmatrix}$$

で表わせば，K_1 は N によって決定される表現，K_2 は M/N によって決定される表現をなす．このように分解される表現を**可約**といい，如何なる相似表現をとっても分解されないとき**既約**という．可約とか既約とかいうのは相似表現に共通な性質，すなわち相似表現の集合に対する性質である．それは表現加群が部分加群を持つか否かによって定まるので，基の取り方には関係しないこともちろんである．M' が M に準同型であるときは，M' も準同型定理によって――それは多元環の場合と同様に証明できるが――或る M/N に同型になり，したがって M' による表現は，M による表現を適当に分解すれば，その対角線の上に出てくる．

上述の可約な場合，もし $m_{r+1}, \cdots, m_n$ もまた部分加群の基をなすように取れれば，$K' = 0$ となる．これは M が N と他の表現加群との直和になる場合で，表現が**直可約**であると呼ばれる．直可約でないとき**直既約**という．

3.8 行 列 環

実数体の上の四元数は，乗法について交換律を仮定しない体，多元体をなすから，右イデアルも左イデアルも存在しない．0 および四元数全体はもちろん例外である．しかし複素数体の上の四元数は，すでに 1 章で述べた通り，2 次の行列全体の多元環と同型である．一般に任意の体 K の上の n 次の行列

$$\begin{pmatrix} \kappa_{11} \cdots\cdots \kappa_{1n} \\ \vdots \qquad\quad \vdots \\ \kappa_{n1} \cdots\cdots \kappa_{nn} \end{pmatrix}.$$

全体のなす多元環 A において，$\kappa_{ij} = 1$，他の $\kappa_{kl} = 0$ なる行列を E_{ij} で表

わせば，上記の行列は

$$\sum_{i,j} \kappa_{ij} E_{ij}$$

で表わされ，

$$E_{ij}E_{kl} = E_{il} \qquad j=k$$
$$= 0 \qquad j \neq k$$

である．しかるとき

$$A = \sum_{i,j} KE_{ij}$$

と略記するのが便利である．i を固定して，

$$\sum_{j} KE_{ij}$$

は右イデアル R_i をつくり，同様に

$$\sum_{i} KE_{ij}$$

は左イデアル L_j をつくり，つぎの右イデアルおよび左イデアルに関する直和分解が得られる．

$$A = R_1 + \cdots + R_n$$
$$= L_1 + \cdots + L_n.$$

そして R_i, L_j は，自明な 0 およびそれ自身を例外として，A の右イデアル，左イデアルを含まない．その意味で極小である．R_i について証明してみる．R_i に含まれる右イデアルが

$$\sum \kappa_{ij} E_{ij}, \qquad \kappa_{ik} \neq 0$$

を含むとすれば，右から $\dfrac{\lambda_{ij}}{\kappa_{ik}} E_{kj}$ を掛ければ $\lambda_{ij}E_{ij}$, $j=1,2,\cdots\cdots,n$ したがってその和を含むことになり，その右イデアルは R_i に一致する．

A はこのように右イデアルおよび左イデアルを有するが，イデアルは有さない．これも同様簡単に証明できる．

　L_i の各元に左から E_{ij} を掛ければ，L_i は L_j に移る．ゆえに L_i の元 a

に L_j の元 aE_{ij} を対応させれば，L_i と L_j が A の表現加群として同型になる．L_i の基 $E_{i1}, \cdots, E_{in}$ によって A を表現してみよう．左から E_{ki} を掛ければ，

$$E_{jk}(E_{i1}, \cdots, E_{in}) = (E_{i1}, \cdots, E_{in})E_{jk}{}^*$$

となり，$E_{jk}{}^*$ は (jk) の場所だけが 1 で，他は 0 になる行列，すなわち行列 E_{jk} である．すなわちこの表現によって，A の行列には同一の行列が対応する．

A 自身を表現加群と考えて，L_i の直和に表わし，それに従って A の基を整頓すれば，A の正則表現が

$$\begin{pmatrix} A & 0 \cdots\cdots 0 \\ 0 & A \cdots\cdots 0 \\ \vdots & \vdots \quad \vdots \\ 0 & 0 \cdots\cdots A \end{pmatrix}$$

のように n 個の表現に分解され，対角線上には同一の行列が列ぶようにできる．

複素数の上の四元環

$$K + iK + jK + kK$$

は 2 次の行列の多元環

$$E_{11}K + E_{12}K + E_{21}K + E_{22}K$$

に同型であるから，四元環の正則表現を考えるときには，E_{ij} を表現加群の基にとればよい．しかるときは 1 章におけるように，$1, i, j, k$ に

$$\begin{pmatrix} E & 0 \\ 0 & E \end{pmatrix}, \quad \begin{pmatrix} I & 0 \\ 0 & I \end{pmatrix}, \quad \begin{pmatrix} J & 0 \\ 0 & J \end{pmatrix}, \quad \begin{pmatrix} K & 0 \\ 0 & K \end{pmatrix}$$

を対応させて四元環の正則表現が得られることがわかる．一般に極小左イデアルによって得られる表現が既約であることはすでにわかっている．実際には既約な表現は極小左イデアルによって常に得られること，行列多元環 A の

極小左イデアルは表現加群として，L_i に同型なること，したがって A の既約な表現は——相似表現は同じ表現と考えて——A の行列をそれ自身に対応させる自明な表現以外にないことが証明できる．ゆえに四元数を複素数を分子として表現するとき，既約なものは 1 章における表現以外には本質的にはないのである．

3.9 逆表現. 逆表現加群

以上は左イデアルを基礎に取っての所論であるが，右イデアルを基礎に取ればどうなるか，多元環 A を単に K-右加群と考えて，その元に右から元 b を掛けると，自己準同型写像 ψ_b が得られる．

$$xb = x^{\varphi_b}.$$

しかるとき b の間の加法および K の元との乗法に対してはそれに対応する ψ_b の間の加法および K の元との乗法がちょうど対応するが，

$$xab = x^{\varphi_a \varphi_b}$$

すなわち　　　　　　　　　　$$\varphi_{ab} = \varphi_a \varphi_b$$

となり，乗法についても順序が同じになる．これは A の代りに A の右イデアルを考えても同じことであり，自己準同型写像を再び行列で表わしてみると乗法の順序が逆になるのであるから，a に D_a，b に D_b なる行列が対応するとき，ab には $D_b D_a$ が対応する．かかるとき D は A の**逆表現**をなすという．さらに一般に A の表現加群の代りに**逆表現加群**を考えることもできる．それには表現加群の条件にて ⅲ）の

$$m^{(ab)} = (m^b)^a$$

の代りに，乗法の順序を逆にして，

$$m^{(ab)} = (m^a)^b$$

を採用すればよい．そこにまた表現および表現加群の理論の並行する理論が得られる．元 a に行列 D_a を対応させて逆表現が得られるとき，D_a の行と

列を置き換えた行列 D_a' を a に対応させれば表現が得られる.

$$D_{ba}' = (D_a D_b)' = D_b' D_a'$$

だからである.

多元環 A の基を $a_1, \cdots, a_n$ とし,その乗法が

$$a_i a_j = \sum_{k=1}^{n} a_k \kappa_{ijk}$$

によって与えられているとき,正則表現においては a_i には,i を固定して,

$$S_i = (\kappa_{ijk})$$

が対応し,逆正則表現にては a_j に

$$T_j = (\kappa_{ijk})$$

が対応する.いま

$$R_k = (\kappa_{ijk})$$

と置けば,ここに 3 種類の行列の組が得られる.Frobenius(フロベニウス)はこの 3 種類の行列を基礎にして,多元数論およびその表現論を組み立てた.本書では,その後 Noether(ネーター)によって展開された,より概念的な,見通しのよい方法を採用する積りであるが,ここで,この行列に関する 2,3 の定理を述べておこう.

3.10　Frobenius 環

多元環 A の基 $a_1, \cdots, a_n$ の間の乗法を示す式から,直ちに

$$\sum_{s=1}^{n} \kappa_{ijs}\, \kappa_{skl} = \sum_{s=1}^{n} \kappa_{isl}\, \kappa_{jks}$$

を得ることは,1 章ですでに述べた.これが A の結合律を示す等式であった.この式は

$$S_i T_k = T_k S_i,$$
$$T_j R_l = R_l S_j$$

を示している．変数 $x_1, \cdots, x_n, y_1, \cdots, y_n, z_1, \cdots, z_n$ をとり，

$$S(x) = \sum x_i S_i,$$
$$T(y) = \sum y_i T_i,$$
$$R(z) = \sum z_i R_i$$

と置けば，上式は

$$S(x)T(y) = T(y)S(x),$$
$$T(x)R(z) = R(z)S'(x)$$

と書くこともできる．$S(x)$ を環行列，$T(y)$ を逆環行列，$R(z)$ を規準行列と呼ぶ．$|R(z)| \neq 0$ なる元 z が存在するときは，T と S' は相似，したがって S' と T は相似表現をなす．このような多元環を **Frobenius 環**といい，その理論は中山正氏の遺された偉大な業績の一つである．残念ながらその理論をここで紹介することはできない．

　その場合は簡単な計算で，$S(z)$ と可換な行列が $T(y)$ なる形をとること，および単位元の存在を証明することができる．もっとも単位元の存在を仮定すれば，$S(x)$ と可換な行列が $T(y)$ なる形をとることはすぐわかる．それは表現加群に直して考えれば，つぎの通りである．A をそれ自身の表現加群と考えたとき，その自己準同型写像は，右より A の元を乗ずることによって得られる．P がすべて S と可換な行列とすれば，

$$a(a_1 \cdots a_n)P = (a_1 \cdots a_n)SP$$
$$= (a_1 \cdots a_n)PS.$$

　これは P が A の自己準同型写像なるを示している．逆に P が A の自己準同型写像を示すものとすれば，第 2, 3 辺は等しくならなくてはならない．A の右より A の任意の元 b を乗ずれば，A の自己準同型写像 $(a \to ab)$ が得られる．かつ異なる b, b' に対しては $1 \to b, 1 \to b'$ であるから異なる自己準同型写像が得られる．逆に A の自己同型写像にて $1 \to b$ とすれば $a \to ab$ でなければならないからその自己同型写像は右から b を乗ずることによって

得られる．右から b を乗じて得られる自己準同型写像を表わす行列は $T(b)$ である．以上の考察はつぎの事実を示している．A をそれ自身の表現加群と考えるとき，A の自己準同型写像を表わす行列は，A の逆正則表現をなし，――乗法の順序を逆にして――A に同型なる多元環，すなわち A に逆同型なる多元環をつくる．ゆえに A を A 自身の逆表現加群と考れば，A の自己準同型写像を表わす行列は A の正則表現をなし，A に同型である．

4 章

一 般 多 元 環

4.1 イデアルの直和

多元環 A は環としての性質のほかに，有限階の K-両側加群の性質をそなえている．またこれを A 自身の表現加群と考えることも，逆表現加群と考えることもできる．A が単位元を有するときは正則表現は A に同型であるから，多元環の構造をも表現を用いて研究することができるので，Frobenius はこの方法を用いたのである．ここでは Noether の流儀に従うけれど，構造の理論と表現論との関連に重点を置いて述べよう．それは前章で述べたように，多元環と同時にその表現加群，実際には左イデアルを考えることにほかならない．簡単のため本書においては多元環は常に単位元を有するものと仮定する．

多元環 A がイデアル B, C の直和なるときは，A の構造は B と C の構造によって決定される．イデアルの積を両者の元の積を有限回加えて得られる元の集合と定義すれば，BC は B および C に属し，いまの場合 B と C は 0 以外に共通元を持たないから，$BC = 0$ がわかる．そして

$$A = B + C$$

にしたがって単位元 1 が

$$1 = e + f$$

のように表わされ，e, f はそれぞれ B, C の単位元になる．しかるとき B^2, C^2 は eB, fC，したがって B, C を含むから，それぞれ B, C に一致する．

逆に A の二つの部分加群 B, C に対して，A の元が B, C の元の和として一意的に表わされ，

$$BC = CB = 0,$$

$$B^2 \subseteq B, \qquad C^2 \subseteq C$$

ならば，B と C は A のイデアルである．ただし部分加群の積もイデアルの場合と同様に定義されるものとする．A の元を B と C の元により

$$a = b + c, \qquad a' = b' + c'$$

とすれば，

$$a + a' = (b + b') + (c + c')$$

はもちろんであるが，$BC = 0$，$CB = 0$ から

$$aa' = bb' + cc'$$

も得られる．bb'，cc' は $B^2 \subseteq B$，$C^2 \subseteq C$ によりそれぞれ B，C の元である．このように A がイデアル B, C の直和に分解されたときは，A の表現についてもまたつぎのことがいえる．M が A の表現加群なるとき，A の元 a と M の元 m の積 am の集合を AM で表わすことにすれば，AM は BM と CM の直和である．AM の元が BM と CM の元の和として表わされることは明らかであるから，その和が実は直和であることを証明すればよい．単位元 1 が

$$1 = e + f$$

で表わされるとき，BM のどの元 m に対しても $em = m$，CM のどの元 n に対しても $en = 0$ であるから，BM と CM は 0 以外の共通元を持たない．ゆえにその和は直和である．

　ここでは M 自身ではなく，AM の分解が得られたに過ぎないが，それはつぎの考察からあまり重要なことでなく，本質的には M の分解と考えられることがわかる．M の元 m を

$$m = 1m + (m - 1m)$$

で表わせば，A の任意の元 a に対して

$$a1m = 1am, \qquad a(m - 1m) = 0.$$

とくに $a = 1$ のときに留意すれば，M は表現加群 AM と $m - 1m$ から成る表現加群 M_0 の直和で，かつ $aM_0 = 0$ であることがわかる．すなわち表現の方でいえば，AM によって a に対応する行列を (a) とすれば，M によっては——相似表現を度外視して——

$$\begin{pmatrix} (a) & 0 \\ 0 & 0 \end{pmatrix}$$

なる表現が得られるに過ぎない．ゆえに常に $M = AM$ と考えるのは余り大きな制限ではなく，そのときには単位元には明らかに単位行列が対応する．以後簡単のため表現加群についてこのことを仮定しよう．しかるときは

$$A = B + C$$

ならば

$$M = BM + CM$$

であることがわかる．BM による A の表現では C の元には零が対応し，それは本質的には B の表現である．CM による表現では B の元には零が対応する．すなわち

$$a = b + c, \qquad b \in B, \qquad c \in C$$

なる元 a には，M による表現では

$$\begin{pmatrix} (b) & 0 \\ 0 & (c) \end{pmatrix}$$

が対応する．ここに (b), (c) は BM, CM によって得られる表現にて，b, c に対応する行列である．このように A のイデアルの直和分解にしたがって表現加群，表現が分解されるのであるが，表現の分解には必ずしも多元環の直和分解を必要としない．それは四元環の正則表現をみれば明らかである．

4.2 Remak-Schmidt の定理．表現の直分解．左イデアルの直和

表現を，直可約の意味で，分解することは表現加群を直和に分解すること
にほかならない．表現加群 M が二通りに直既的な部分加群の直和

$$M = M_1 + \cdots + M_r$$
$$= N_1 + \cdots + N_s$$

に分解されるならば，$r = s$ で，かつ $M_1, \cdots, M_r$ と $N_1, \cdots, N_s$ とは適当な
順序で一つずつたがいに同型である．これは群論における **Remak-Schmidt
の定理**で，非常に一般性を持つ定理であるが，証明は相当難しい．ここでは
証明は省略しよう．

この定理を表現について述べればつぎのようになる．多元環Aの表現(A)
を相似変換で二通り

$$\begin{pmatrix} (A_1)\, 0 \cdots\cdots 0 \\ 0\ \ (A_2)\cdots\cdots 0 \\ \vdots\ \ \vdots\ \ \ \ \vdots \\ 0\ \ \ \ 0\cdots(A_r) \end{pmatrix}, \quad \begin{pmatrix} (B_1)\, 0 \cdots\cdots 0 \\ 0\ \ (B_2)\cdots\cdots 0 \\ \vdots\ \ \vdots\ \ \ \ \vdots \\ 0\ \ \ \ 0\cdots(B_s) \end{pmatrix}$$

に分解したとき，(A_i)，(B_j) がすべて直既約ならば $r = s$ で，(A_i)，(B_j)
は適当な順序で一つずつ相似になる．$(A_1), \cdots, (A_r)$ の順序は相似変換で簡
単に列べかえることができるから，このような分解は本質的に唯一つしかな
いことがわかる．

Aの正則表現を――やはり直可約の意味で――分解するには，そのときの
表現加群は A 自身でその部分加群は A の左イデアルにあたるから A を左
イデアルの直和に分解すればよい．それに関してつぎの定理が成立する．A
が左イデアルの直和

$$A = L_1 + L_2$$

に分解されたとき，単位元 1 がそれによって

$$1 = e_1 + e_2$$

のように表わされたとする. しかるときは

$$e_i{}^2 = e_i, \qquad e_i e_j = 0, \qquad (i \neq j)$$

が成立し, かつ

$$L_i = Ae_i, \qquad i = 1,2$$

である. 逆に

$$1 = e_1 + e_2, \qquad e_i{}^2 = e_i, \qquad e_i e_j = 0$$

ならば, A は

$$A = Ae_1 + Ae_2$$

のように左イデアル直和である.

このことはつぎのように証明できる. L_1 の任意の元 a_1 に対して

$$a_1 = a_1 \cdot 1 = a_1 e_1 + a_1 e_2.$$

しかるに $a_1 = a_1 + 0$ のような表示があるから, 表示の一意性から

$$a_1 e_1 = a_1, \qquad a_1 e_2 = 0$$

を得, a_1 が Ae_1 に含まれることがわかる. L_1 が左イデアルであるから, Ae_1 は $AL_1 = L_1$ に含まれ,

$$L_1 = Ae_1$$

であることがわかる. 同様に $L_2 = Ae_2$ である. さらに $a_1 = e_1$ の場合を考えれば, $e_1{}^2 = e_1$, $e_1 e_2 = 0$, 同様にして $e_2{}^2 = e_2$, $e_2 e_1 = 0$.

つぎに逆を証明する. A の任意の元 a をとれば,

$$a = a \cdot 1 = ae_1 + ae_2.$$

ae_1 は Ae_1 の元, ae_2 は Ae_2 の元であるから, この表わし方が一通りよりないことを証明すればよい.

$$a_1 e_1 + a_2 e_2 = b_1 e_1 + b_2 e_2$$

とすれば, 右から e_1 を乗じて

$$a_1 e_1 = b_1 e_1,$$

e_2 を乗じて $a_2e_2 = b_2e_2$ を得るから，その一意的の表示なることは明らかである．ゆえに A は Ae_1 と Ae_2 の直和である．

　多元環 A を左イデアルの直和に分解するには 1 の上記のような 1 の分解を求めればよい．$a^2 = a$ を満足する元を**巾等元**といい，$e_1e_2 = e_2e_1 = 0$ なるとき e_1, e_2 が**直交する**という．すなわち多元環を左イデアルの直和に分解する問題は，単位元を直交する巾等元の和に分解する問題に帰着せしめられた．以上の左イデアルに関する議論はもちろん右イデアルについても成立する．ゆえに

$$A = L_1 + L_2$$

ならば

$$1 = e_1 + e_2, \qquad L_i = Ae_i$$

で，今度は右イデアルに移って

$$A = R_1 + R_2, \qquad R_i = e_iA$$

を得る．

4.3　直既約イデアルの直和

　A を直既約な左イデアルの直和

$$A = L_1 + L_2 + \cdots + L_r$$

に分解するとき，かかる分解は一意的には決定されないのが一般で，Remak-Schmidt の定理によって，二通りの分解の間に，A の表現加群として，同型なる 1 対 1 の対応が存在することがいえるに過ぎない．しかるに A の直既約なイデアルの直和分解

$$A = A_1 + A_2 + \cdots + A_r$$

は順序は別として一意的に決定されることがつぎのように証明される．いまほかに

$$A = B_1 + B_2 + \cdots + B_s$$

なる同様の性質を有する分解があったとする. A_i を A の表現加群と考えれば

$$A_i = B_1 A_i + \cdots + B_s A_i$$

なる A_i の直和分解が得られることはすでにわかっている. B_j, A_i がともに A のイデアルであるから, $B_j A_i$ も A のイデアルで, A_i が直既約なることから, $B_j A_i$ のうち一つが A_i に一致し, 他は 0 になることがわかる.

$$B_{a_i} A_i = A_i, \qquad B_k A_i = 0, \qquad k \neq a_i$$

とする. つぎに A_i の代りに B_{a_i} を用いると, いまと同様に, 今度は B_{a_i} を逆表現加群と考えて,

$$B_{a_i} = B_{a_i} A_1 + \cdots + B_{a_i} A_r$$

を得, B_{a_i} も直既約であるから, $B_{a_i} A_i \neq 0$ に注目して

$$B_{a_i} = B_{a_i} A_i = A_i$$

を得る. $i \neq j$ とすればもちろん $a_i \neq a_j$ であるから, これで分解の一意性が証明できたわけである.

4.4 核心の直和分解

多元環のイデアルに関する直和分解が, その核心の直和分解によって決定されることもまた特筆すべき事柄である. 多元環 A の**核心**とは, A のすべての元と可換なる元の集合で, それが A の部分環をなすことは明らかである.

いま, A の核心を Z とする. A がイデアルの直和:

$$A = A_1 + \cdots + A_r$$

に分解されるとき A_i と Z の共通集合を $U_i = A_i \cap Z$ とすれば, U_i は Z のイデアルで, Z は

$$Z = U_1 + \cdots + U_r$$

のように直和に分解され,

$$AU_i = A_i$$

である．逆に Z の直和分解から上の式によって A の直和分解が得られる．

これを証明しよう．A の分解にしたがって Z の元 z を

$$z = z_1 + \cdots + z_r$$

のように表わせば，A の任意の元 a に対して

$$za = z_1 a + \cdots + z_r a,$$
$$az = az_1 + \cdots + az_r.$$

$za = az$ であり，A_i がイデアルであるから，$z_i a, az_i$ はともに A_i の元である．また $za = az$ の表示の一意性を用いれば，$z_i a = az_i$，すなわち z_i が Z の元，したがって U_i の元であることがわかる．すなわち Z の元は U_i の元の和として——もちろん一意的に——表わされる．U_i が Z のイデアルであることは明らかであろう．これで Z がイデアル U_i の直和であることがわかった．単位元 1 を，A の分解にしたがって，

$$1 = e_1 + \cdots + e_r$$

のように表わせば，1 が Z の元であるから，e_i は U_i の元である．e_i は直交する巾等元であるから，これから

$$A = Ae_1 + \cdots + Ae_r,$$
$$Z = Ze_1 + \cdots + Ze_r$$

なる分解が得られ，

$$Ae_i = A_i, \qquad Ze_i = U_i$$

であることはすでにわかっている．したがって

$$AU_i = AZe_i = Ae_i = A_i$$

である．

つぎに逆を証明する．Z の分解にしたがって

$$1 = f_1 + \cdots + f_r$$

を得たとすれば，

$$U_i = Zf_i$$

であり，$AU_i = A_i$ と置けば，

$$A = Af_1 + \cdots + Af_r$$
$$= AZf_1 + \cdots + AZf_r$$
$$= AU_1 + \cdots + AU_r$$
$$= A_1 + \cdots + A_r.$$

U_i が Z に含まれるから，$AU_i = U_iA$ が A のイデアルであることは明らかである．これで A の直和分解が得られた．

いまここで $U_i' = A_i \cap Z$ と置けば，この新しく得られた A の分解から前に証明したように，

$$Z = U_1' + \cdots + U_r'$$

を得るが，A_i が U_i を含むから，U_i' は U_i を含む．直和の定義——表示の一意性——から直ちに $U_i' = U_i$ が知られる．つまり上のようにして多元環のイデアル直和分解と核心のイデアル直和分解が1対1の関係で対応しているのである．

4.5 表現の分解. Jordan-Hölder の定理

以上多元環を直既約なイデアルの直和に分解する問題，およびその表現を直既約な表現に分解する問題について述べたが，これから表現を既約表現に分解することについて説明しよう．すなわち多元環 A の表現 (A) を相似変換で

$$\begin{pmatrix} (A_{11}) & 0 & \cdots\cdots\cdots\cdots & 0 \\ (A_{21}) & (A_{22}) & \cdots\cdots & 0 \\ \vdots & \vdots & & \vdots \\ (A_{r1}) & (A_{r2}) & \cdots\cdots\cdots & (A_{rr}) \end{pmatrix}$$

なる形に移すことを考える．ここに (A_{ii}) は A の既約表現とする．(A) は

一つの表現加群 M によって決定されていると考えることができるから，M の基を適当にとってそれによって上記のような表現が得られなくてはならない．3章において述べたように――基の並べ方が左右逆になってはいるが――それには M の部分加群の列

$$M = M_1 \supset M_2 \supset \cdots \supset M_r$$

をとり，M_i の基の左に別の元をつけ加えて M_{i-1} の基が得られるように M の基をとればよい．すなわち M の基を

$$m_{11}, \cdots, m_{1s_1}, {}_{21}, \cdots, m_{2s_2}, \cdots, m_{r1}, \cdots, m_{rs_r}$$

とし，

$$m_{i1}, \cdots, m_{is_i}, \cdots, m_{r1}, \cdots, m_{rs_r}$$

が M_i の基になるように取るのである．しかるときそれによって上に与えたような表現が得られる．M_i による表現が，

$$\begin{pmatrix} (A_{ii}) & 0 \cdots\cdots\cdots\cdots 0 \\ (A_{i+1,i})(A_{i+1,i+1})\cdots\cdots 0 \\ \vdots & \vdots & \vdots \\ (A_{ri}) & (A_{r,i+1})\cdots\cdots(A_{rr}) \end{pmatrix}$$

で，M_i/M_{i+1} なる剰余加群による表現が (A_{ii}) である．(A_{ii}) が既約であるというのは，M_i/M_{i+1} が――0 およびそれ自身以外に――部分加群を持たぬこと，すなわちいわゆる単純であるということである．我々はここで与えられた表現 (A) を如何ように上記のように既約表現に分解しても，そこに現われる既約表現 $(A_{11}), \cdots, (A_{rr})$ は，順序および相似変換を度外視して一意的に決定されることを証明する．それは表現加群に直して考えてみればつぎのような群論における **Jordan-Hölder** の**定理**にほかならない．

表現加群 M の部分加群の列

$$M = M_1 \supset M_2 \supset \cdots \supset M_r \supset M_{r+1} = 0$$

において，M_{i-1}/M_i が単純なるとき，その剰余加群 M_{i-1}/M_i の列は，順序

および同型対応を度外視して，表現加群として一意的に決定される．

$$M = N_1 \supset N_2 \supset \cdots \supset N_s \supset N_{s+1} = 0$$

を同様な列とし，M の階数 n について帰納法を用いて証明する．$M_2 = N_2$ の
ときは M_2 の階級は n より小であるから，帰納法の仮定により定理は成立す
る．$M_2 \neq N_2$ のとき M_2 と N_2 の和をとれば，それはまた M の部分加群
で M_2 を含み，M_2 と異なるから M に一致する．さもなければ M と M_2
の間に部分加群 $M_2 \cup N_2$ が入り，$M_2 \cup N_2/M_2$ は M/M_2 の部分加群で，
M/M_2 の単純性に反するからである．しかるとき第2同型定理によって
$M_2/M_2 \cap N_2$，$N_2/M_2 \cap N_2$ はそれぞれ M/N_2，M/M_2 に同型で単純にな
る．ゆえに

$$M \supset M_2 \supset M_2 \cap N_2 \supset \cdots,$$
$$M \supset N_2 \supset M_2 \cap N_2 \supset \cdots$$

のように $M_2, M_2 \cap N_2 ; N_2, M_2 \cap N_2$ の現われる前と同様な列が得られる．
第1の列と第3の列，また第2の列と第4の列との間では，すでに述べたよ
うに——帰納法の仮定より——定理は成長する．第3の列と第4の列の間に
定理が成立することは明らかであるから，定理は任意に与えた第1の列と第
2の列の間に成立する．

　この Jordan-Hölder の定理も成立する範囲の非常に広い定理で，多元環
については全く同様につぎの定理が証明される．

　多元環 A のイデアルの列

$$A = A_1 \supset A_2 \supset \cdots \supset A_r \supset A_{r+1} = 0$$

にて，$A_i \supset B \supset A_{i+1}$ なるイデアル B が存在しないとき，剰余環

$$A_1/A_2, \qquad A_2/A_3, \qquad \cdots, \qquad A_r/A_{r+1}$$

は順序および同型対応を度外視して一意的に決定される．

　ここで A_i が A のイデアルであることを要求せず，A_{i-1} のイデアルであ
るときも，A_i と A_{i+1} の間に A_i のイデアルが存在しないならば，同様の

定理が成立する.

4.6　基礎体の拡大

いままで K を一定して考えたが，多元環の構造および表現が K の取方に
関連することは，すでに四元数の場合でわかっている．体 K の上の多元環
A の基を $e_1, \cdots, e_n$ とすれば，A は

$$A = e_1 K + \cdots + e_n K,$$

$$e_i e_j = \sum e_k \kappa_{ijk}$$

によって与えられる．K' が K を含む体なるとき，基の間の乗法の法則，す
なわち κ_{ijk} はそのままにして，

$$A' = e_1 K' + \cdots + e_n K'$$

なる多元環を考えることができる．実数体の上の四元環から複素数の上の
四元環を考えるのは，この特別の場合である．しかるとき A のある性質は
A' でも保たれ，ある性質は失なわれる．その間の関係をしらべることは多
元数論で重要な問題であるが，それは6章に譲る．A の表現にさいし，行
列の係数を K' の中から取れば，K において既約であっても，K' において
は可約になることがある．この章における理論をその場合に適用するには，
A の代りに A' を用いればよい．A は A' に含まれるから A' の表現が得ら
れれば，当然 A の表現が得られ，逆に A の表現が得られればその基に対応
する行列を用いて，直ちに A' の表現が得られるからである．A' を $A_{K'}$ と
書くのが普通で，それは A の基の選び方に無関係に決定される．

5 章

準 単 純 多 元 環

5.1 完全可約表現. 完全可約環

多元環 A の表現 (A) を可約の意味で分解するとき:

$$(A) = \begin{pmatrix} (B) & 0 \\ (D) & (C) \end{pmatrix}.$$

それは必ずしも

$$\begin{pmatrix} (B) & 0 \\ 0 & (C) \end{pmatrix}$$

なる表現に相似にはならない. とくにこの両者が常に相似になるときには, (A) は既約表現に, 直可約の意味で, 分解される.

$$\begin{pmatrix} (A_1) & 0 \cdots\cdots 0 \\ 0 & (A_2) & 0 \\ \vdots & \vdots & \vdots \\ 0 & 0 \cdots\cdots (A_r) \end{pmatrix}$$

ここに (A_i) は既約表現である. これは (A) をまず既約表現に分解して上の性質を順次に用いて, 対角線から下を 0 にするような相似変換を施せばわかることである.

　以上を表現加群に直していえばつぎの通りになる. 表現加群 M の如何なる部分加群 N も直和の因子になるとき, すなわち M が N と他の部分加群 N' との直和になるとき, M は単純な表現加群の直和になる. このような表

現および表現加群では，既約（単純）と直既約とが同意義になり，**完全可約表現，完全可約表現加群**と呼ばれる．

多元環 A のイデアルについての上記の性質に相当するのは当然つぎの通りになる．それは A のイデアル B が常に A の直和因子になるとき，すなわち A が B と他のイデアル C の直和になるときで，そのときは A は単純イデアルの直和になる．このような多元環も**完全可約環**と呼ばれる．そのときは単純イデアルは，A のイデアルを含まないばかりではなく，環としても単純，すなわちイデアルを含まないことが容易にわかる．

逆の成立することも容易に知られている．同じことであるから多元環 A が単純イデアルの直和である場合について証明しよう．

$$A = A_1 + \cdots + A_r$$

のイデアルを B とする．A_1 が B に含まれるときは A_1 を取り除く．含まれないときは，$B \cap A_1$ は A_1 に含まれるイデアルで，A_1 と異なるから 0 である．ゆえにその和は直和

$$B \cup A_1 = B + A_1$$

になる．このイデアルを B の代りに用い，つぎに A_2 について同様考える．これを繰り返せば

$$B + A_{i_1} + \cdots + A_{i_s}$$

なる直和を得る．それは A_i をすべて含むから A に一致する．すなわち B は直和因子になる．この証明で，B が A_i から $A_{i_1}, \cdots, A_{i_s}$ を取り除いた残りの A_j の直和に同型なること，すなわち B も完全可約なること，および A/B——A に準同型なる多元環——も完全可約なることがわかる．一般に，多元環 A の直和因子 B のイデアルは明らかに A のイデアルになるからである．ゆえに既約表現に，直可約の意味で分解される表現を完全可約表現と定義しても，単純イデアルの直和に分解される多元環を完全可約と定義しても差支えない．この定義の方が普通に用いられているし，完全可約という言葉

の意味もそこにある. 完全可約な表現を分解するとき, 対角線上に得られる
表現は完全可約である.

　完全可約な環の直和も完全可約であり, 完全可約な表現を対角線上に列べ
て得られる表現も完全可約である. これは証明するまでもあるまい.

5.2　任意の表現と正則表現

　多元環 A の直和分解に対して, 表現加群 M の直和分解, したがって表
現の直可約の意味での分解が得られることはすでに 4 章において述べた. 多
元環 A の構造と A の表現との関係は, A の正則表現を仲介にして明らか
にされる. その基礎になるのはつぎの定理である. 多元環 A の正則表現を
$[A]$ とすれば, A の如何なる m 次の表現 (A) も, m 個の $[A]$ より成る
表現

$$m[A] = \begin{pmatrix} [A] & & & \\ & [A] & & \\ & & \ddots & \\ & & & [A] \end{pmatrix}$$

を適当に分解して得られる. すなわち $m[A]$ は

$$\begin{pmatrix} (A) & 0 \\ (B) & (A') \end{pmatrix}$$

なる表現に相似である. この定理を表現加群を用いていい表わせばつぎのよ
うになる. A の階数が n なるとき, mn 個の 1 次独立な元

$$u_\kappa{}^{(\lambda)}, \qquad \kappa = 1, \cdots, n, \lambda = 1, \cdots, m$$

をとり, n 個の元

$$u_1{}^{(\lambda)}, \cdots\cdots, u_n{}^{(\lambda)}$$

が A と表現加群として同型な表現加群の基をなすものとする. しかるとき
は $u_\kappa{}^{(\lambda)}$ によって得られるのが, $m[A]$ である. ゆえに定理は (A) の表現
加群 M が, この $u_\kappa{}^{(\lambda)}$ を基とする表現加群 U に準同型であることを意味す

る．証明するには U の M の上への準同型写像を与えればよい．$u_\kappa{}^{(\lambda)}$ には A の元が対応しているから，それを a_κ とする．この元が λ に無関係であると仮定するのはもちろん差支えない．M の基を $\varepsilon_1, \cdots, \varepsilon_n$ とするとき，$u_\kappa{}^{(\lambda)}$ を $a_\kappa \varepsilon_\lambda$ に写像すれば，a_κ は A の基をなし，$AM = M$ はいままで通り常に仮定されているから，U が M 全体に写像される．A の元 a に対して

$$au_\kappa{}^{(\lambda)} = \sum_\kappa u_\kappa{}^{(\lambda)} \tau_\kappa$$

ならば

$$a(a_\kappa \varepsilon_\lambda) = \left(\sum_\kappa a_\kappa \tau_\kappa \right) \varepsilon_\lambda$$

$$= \sum_\kappa (a_\kappa \varepsilon_\lambda) \tau_\kappa$$

であるから，この写像は U の M 上への準同型写像である．これで証明は完結した．この定理から，容易に4章で述べた多元環の直和分解と表現の分解の関係に関する定理も導き出されるが，それは読者に任せて先へ進もう．

5.3 左完全可約環．巾零左イデアル．準単純

多元環 A の正則表現〔A〕が完全可約ならば m〔A〕ももちろん完全可約，したがって A の如何なる表現 (A) も完全可約である．〔A〕が完全可約であるというのは A が単純左イデアルの直和に分解されることを意味する．このような多元環を左完全可約環という．A の任意の左イデアル L をとれば，

$$A = L + L'$$

のように A は左イデアルの直和に分解され，それにしたがって単位元 1 は

$$1 = e + e'$$

のように表わされる．e は巾等元で，L に含まれるから，$L^\rho = 0$ なる自然数 ρ は存在しない．すなわち L は**巾零左イデアル**でない．逆に A・巾零左イデアルを有さないときは A が左完全可約である．A の極小なる左イデア

ル, すなわち単純左イデアルの一つを L とする. L は巾零でないから

$$L \supseteq L^2 \neq 0$$

から $L^2 = L$ を知る. ゆえに $La \neq 0$ なる L の元 a が存在し, $La \subseteq L$ であるから

$$La = L.$$

$xa = 0$ なる L の元 x はまた A の左イデアルをつくり, L に含まれ L と異なるから 0 である. すなわち $xa = 0$ ならば $x = 0$ である. $La = L$ から $ca = a$ なる L の元 c の存在を知り,

$$c^2 a = ca, \qquad (c^2 - c)a = 0, \qquad c^2 = c$$

すなわち c は巾等元である. Ac はもちろん 0 でなく, L に含まれる左イデアルであるから,

$$L = Ac$$

である. c と $1 - c$ は直交する巾等元であるから,

$$A = Ac + A(1 - c)$$

で A は L と他の左イデアルの直和になる. いま A を直既約な左イデアルの直和

$$A = L_1 + L_2 + \cdots + L_r$$

に分解するとき, L_i に含まれる極小左イデアルを L とすれば,

$$A = L + L'.$$

この A の二つの分解から容易に

$$L_i = L + (L' \cap L_i)$$

であることがわかる. しかるに L_i は直既約であるから, $L_i = L$, すなわち L_i は単純で, A は左完全可約である. 以上によって左完全可約ということは, 巾零左イデアルを有さないことと同意義なることがわかった.

L を左イデアルで

$$L^\rho = 0$$

とすれば, $LA \cup L$ はイデアルであるばかりでなく,

$$(LA \cup L)^\rho = 0$$

すなわち巾零なることが簡単な計算で知られる. いいかえれば, 巾零左イデアルを含む巾零イデアルが存在する. 巾零右イデアルについても同様なことがもちろんいえる. ゆえに巾零左イデアルを持たないということは巾零イデアル, 巾零右イデアルを持たないというのと同じことで, このような多元環を**準単純**であるという. 多元環が準単純であるために必要かつ十分な条件は, それが左(右)完全可約なることである. 準単純という考えには左右の区別がない. それはイデアルのみにて, 左右のイデアルを考えなくても定義できる概念である.

5.4 準単純 = 完全可約

完全可約環 A が準単純であることは左完全可約環の場合と同様に証明される. 逆に A を準単純, すなわち左完全可約として A が完全可約であることを証明しよう. A のイデアル B を左イデアルと考えれば, A は左イデアルの直和

$$A = B + C = Ae + Af$$

になる. ここに e, f は直交する巾等元である. しかるとき A は

$$A = B' + C' = eA + fA$$

のように右イデアルの直和にも分解される. B がイデアルであるから,

$$B'C = eAf \subseteq B \cap C = 0,$$
$$BC' = AefA = 0,$$
$$(C'B)^2 = C'BC'B = 0.$$

$C'B$ は右イデアルであり, A が巾零右イデアルをもたないから,

$$C'B = 0,$$
$$C = AC = B'C \cup C'C = C'C,$$

$$C' = C'A = C'B \cup C'C = C'C,$$

すなわち $C = C'$ で，それはイデアルである．いいかえれば A は B と他のイデアル C との直和になり，A の完全可約なることがわかる．

　表現についていえば，上記の所論から直ちにつぎの事実がわかる．多元環 A が完全可約ならば，A の正則表現は完全可約であり，逆も正しい．いま多元環と，その任意の表現に関する基本定理を用いれば，さらに多元環 A が完全可約ならば，A の任意の表現が完全可約であることがわかる．なぜならば，$m[A]$ が完全可約であるから，その分解に際して現われる任意の表現（A）も完全可約である．

5.5 根 基

　任意の多元環 A の完全可約表現においては，巾零イデアル N には 0 が対応する．表現加群 M によって考えると，M は完全可約で

$$M = M_1 + \cdots + M_r$$

とする．NM_i は M_i に含まれる表現加群であるから，0 かまたは M_i に一致する．

$$NM_i = M_i$$

とすれば，

$$0 = N_0 M_i = \cdots\cdots = NM_i = M_i$$

となるから，$NM_i = 0$．これはすべての M_i について成立するから，$NM = 0$ である．この定理によって完全可約表現を考えるときには A の代りに巾零イデアルを法とする剰余環の表現を考えればよいことがわかる．しかるに N_1, N_2 がともに巾零イデアルなるときは，容易にわかるように $N_1 \cup N_2$ も巾零である．A の階数が有限であるから，かくて A の最大なる巾零イデアル R の存在がわかる．R はすべての巾零イデアル，したがってすべての巾零右イデアル，左イデアルを含む．かく A に対して一意的に決定される

R を A の根基という.

　A/R は巾零イデアルを持たない. P/R が A/R の巾零イデアルならば P は A の巾零イデアルになるからである. すなわち A/R は準単純, したがって完全可約である. 以上によって A の完全可約な表現は実は A/R の表現で, A/R の表現を求めれば, それで A の完全可約な表現が得られることがわかった.

5.6　既約表現と正則表現

　(A) が m 次の既約表現なるときは, (A) は $m[A]$ を分解するときに得られることはすでにわかっている (5.2). $m[A]$ を既約表現に分解するとき対角線上に現われる既約表現は順序, 相似変換を度外視して一意的に決定され (4.5), かつ各 $[A]$ をそれぞれ別々に既約表現に分解すれば $m[A]$ の分解がともかく得られるのであるから, 既約表現 (A) は正則表現 $[A]$ を分解するさいに得られる. そのさい (A) が $[A]$ の左肩に現われることも容易に証明できる. $[A]$ の分解に R を部分表現加群として用いれば, $[A/R]$ が $[A]$ を分解することにより得られることがわかり, (A) は A/R の表現とも考えられるから, $[A/R]$ を分解することにより得られる. (A) が既約で A/R が左完全可約であるから, (A) は A/R の単純左イデアルを表現加群として得られる. A/R の基と, この単純左イデアルの基を最初に列べて整頓すれば, (A) は $[A/R]$, したがって $[A]$ の左肩に現われる. 以上において同時に, 既約表現 (A) は A/R の単純左イデアルを表現加群として得られることがわかった.

$$A/R = A_1/R + \cdots + A_r/R$$

で A_i/R が単純イデアルなるときは,

$$[A/R] = \begin{pmatrix} [A_1/R] & & \\ & \ddots & \\ & & [A_r/R] \end{pmatrix}$$

のように，A/R の正則表現は $[A_i/R]$ の正則表現に分解されることは明らかで，既約表現 (A) はそのうちの一つ $[A_i/R]$ を分解して得られる．ゆえに既約表現は単純環の表現と考えることができる．一方準単純環は完全可約であるから，その構造は単純環の構造によって決定される．ここに問題はさらに特殊になって，単純環および既約表現の精密な研究が要求される．

6 章

単 純 多 元 環

6.1 Wedderburn（ウェダーバーン）の定理

単純多元環 A は──単位元の存在は常に仮定して──左イデアルについて完全可約で，直交する巾等元 e_i により

$$A = Ae_1 + \cdots + Ae_r$$

のように単純左イデアルの直和に分解される（4.2）．しかるときこの左イデアルは，A の表現加群としてすべて同型である．これを表現についていえば，正則表現〔A〕は

$$\begin{pmatrix} (A) & 0 & \cdots\cdots & 0 \\ 0 & (A) & \cdots\cdots & 0 \\ \vdots & \vdots & & \vdots \\ 0 & 0 & \cdots\cdots & (A) \end{pmatrix}$$

のように r 個の同一既約表現に分解され，A の既約表現は必ず〔A〕の中に現われるのであるから，A がただ一つの既約表現を有することになる．これを証明しよう．

いま $Ae_1, \cdots, Ae_s,$ $s \le r$ が表現加群として同型で，$Ae_t,$ $t > s$ とは同型でないとする．しかるときは

$$A' = Ae_1 + \cdots + Ae_s$$

は A のイデアルをつくる．なぜならば A の任意の元 a に対して $Ae_i a,$ $i \le s$ は $a'e_i$ と $a'e_i a$ を対応させれば Ae_i に準同型なる表現加群（左イデアル）

をつくり，Ae_i が単純であるから，$Ae_i a$ は Ae_i に同型である．A の分解にしたがって $Ae_i a$ の元 b を

$$b = b_1 + \cdots + b_r$$

のように表わすとき b に b_j を対応させれば，b_j は $Ae_i a$ に準同型なる左イデアルをつくる．$Ae_i a$ が単純だから L_j のつくる左イデアルは $Ae_i a$ に同型かまたは 0 である．$Ae_j,\ j > s$ は Ae_i に，したがって $Ae_i a$ に同型ではないから，$a_j = 0,\ j > s$ でなければならない．すなわち $Ae_i a$ は A' に含まれ，A' はイデアルをつくる．しかるに A が単純であるから $A' = A$，いいかえれば $r = s$ で Ae_i はすべて――表現加群として――同型である．

　A の――表現加群としての――自己準同型写像が A に同型なる多元環をつくることを 3 章の終りに証明した．それを想起して，A の自己準同型写像を考えてみる．

　Ae_i にて e_1 に対応する元を $e_{1i}, e_{11} = e_1$ とする．しかるときはもちろん $Ae_i = Ae_{1i}$ であるから A の自己準同型写像は $e_{11}, \cdots, e_{1r}$ の像によって決定される．e_{1i} の像を

$$e_{1i}' = a_{i1}e_{11} + \cdots + a_{ir}e_{1r}$$

とすれば，$e_{1j} \to a_{ij}e_{ij}$ は $Ae_j = Ae_{ij}$ の自己準同型写像，したがって Ae_{ij} が単純であるから $a_{ij}e_{1j} = 0$ がまた Ae_{1j} の自己同型写像を表わしている．

　$e_{1j} \to ae_{1j}$ が Ae_{1j} の自己準同型写像を表わせば，$e_{1k} \to ae_{1k}$ も Ae_{1k} の自己準同型写像――対応する Ae_{1j}, Ae_{1k} の元をまた対応する元に写す――である．

$$e_{11} \to ae_{11}, \quad \cdots, \quad e_{1r} \to ae_{1r}$$

のように，同一元 a によって決定される A の自己準同型写像を φ とすれば φ は Ae_{11} の自己準同型写像のなす環――0 以外は同型写像であるから実は多元体をなす――に同型である．この φ を用いれば A の任意の自己準同型写像は

$$e_{1i} \to e_{1i}' = e_{11}{}^{\varphi i1} + \cdots + e_{1r}{}^{\varphi ir},$$

したがって行列

$$\begin{pmatrix} \varphi_{11} \cdots\cdots\cdots \varphi_{1r} \\ \vdots \qquad\qquad \vdots \\ \varphi_{r1} \cdots\cdots\cdots \varphi_{rr} \end{pmatrix}$$

によって表わされる．こうして他の写像

$$e_{1i} \to e_{11}'' = e_{11}{}^{\psi i1} + \cdots + e_{1r}{}^{\psi ir}$$

との積は，

$$e_{1i} \to e_{1i}''' = e_{11}{}^{\theta i1} + \cdots + e_{1r}{}^{\theta ir},$$

$$(\theta_{ij}) = (\psi_{ij})(\varphi_{ij})$$

になる．逆に上記のような φ を分子とする如何なる行列 (φ_{ij}) も常に自己準同型写像を表わしている．ここに乗法の順序が，A と A の自己準同型写像のなす多元環とは順であり，行列を取り扱えればその逆になるから，A は行列 (φ_{ij}) のなす多元環と逆同型である．(φ_{ij}) の転置行列をとり，φ_{ij} を逆同型な体の対応する元で置き換えれば，つぎの **Wedderburn の定理**を得る．

　単純多元環は多元体の元を分子とする行列全体のなす多元環に同型である．

　この定理は単純多元環の理論の基礎をなすものである．

6.2　単純環の表現

3章においてもすでに用いたように，行列において (ij) の位置にある元のみ 1，他は 0 なる行列を E_{ij}，φ' のなす多元体を D とすれば，

$$A = \sum_{i,j=1}^{r} E_{ij}D = \sum_{i,j=1}^{r} DE_{ij}$$

と考えても差支えない．$E_{11}, \cdots, E_{rr}$ は $e_1, \cdots, e_r$ に対応する巾等元である．

$$AE_{11} = \sum_{i=1}^{r} DE_{i1}$$

が A の単純左イデアルである. いま D の基を $d_1, \cdots, d_s$ とすれば, rs 個の元 $d_j E_{i1}$ が AE_{11} の基をなす. これを

$$d_1 E_{11}, \ \cdots, \ d_s E_{11}, \ d_1 E_{21}, \ \cdots, \ d_1 E_{r1}, \ \cdots, \ d_s E_{r1}$$

のように列べて A の既約表現をつくってみると,

$$a = \begin{pmatrix} d_{11} \cdots\cdots d_{1r} \\ \vdots \qquad\quad \vdots \\ d_{r1} \cdots\cdots d_{rr} \end{pmatrix}$$

に対して

$$(a) = \begin{pmatrix} (d_{11}) \cdots\cdots (d_{1r}) \\ \vdots \qquad\qquad \vdots \\ (d_{r1}) \cdots\cdots (d_{rr}) \end{pmatrix}$$

を得る. ここに d_{ik} は D の元, (d_{ij}) は D の正則表現——$d_1, \cdots, d_s$ を用いて得る——に際し, d_{ij} に対応する行列である. この意味で単純環の表現は多元体の表現に帰着せしめられる. Wedderburn の定理から直ちにつぎの事実がわかる. 証明は簡単であるから読者に任せよう. $A = \sum E_{ij} D$ の核心は D の核心に一致する. 可換な単純環は体をなす. 可換な準単純環は体の——イデアルの意味での——直和である.

6.3 直　　積

単純多元環のさらに深い研究では, 直積なる概念が基本的である. この概念にも——直和の場合と同様——構成的な面と解析的な面とがある.

B, C をそれぞれ $b_1, \cdots, b_r, c_1, \cdots, c_s$ を基とする K の上の多元環とする. その乗法が

$$b_i b_j = \sum_k \beta_{ijk} b_k, \qquad c_i c_j = \sum_k \gamma_{ijk} c_k$$

によって与えられているとき, 新しく K に対して 1 次独立な rs 個の元 d_{ij} $i = 1, \cdots, r, j = 1, \cdots, s$, をとり,

$$d_{ij} d_{kl} = \sum_{u, v} \beta_{iku} \gamma_{jlv} d_{uv}$$

によって多元環を定義する．かくて得た多元環を B, C の**直積**といい，
$B \times C$ にて表わす．これは実際は形式的に $b_i c_j$ を考えて，それを d_{ij} と書い
たものと思えばよいので，ここに挙げた結合法則はかく考えれば必然的で，
かくて多元環が実際に定義できること，すなわち結合律が成立することは試
してみればよいのである．その計算は省略するが，さらに直積の定義が基の
取方に無関係なることを証明しなくてはならない．しかし従来通り常に単位
元の存在を仮定すればつぎのようにも直積を定義でき，それによって直積の
定義が基の取り方に無関係なることも同時にわかる．B の元

$$b = \beta_1 b_1 + \cdots + \beta_r b_r$$

に， $$(\beta_1, \cdots, \beta_r)$$

なる記号を対応させる．いま C の元によって

$$(c^{(1)}, \cdots, c^{(r)})$$

なる記号の全部を考え，その加法を

$$(c^{(1)}, \cdots, c^{(r)}) + (e^{(1)}, \cdots, e^{(r)}) = (c^{(1)} + e^{(1)}, \cdots, c^{(r)} + e^{(r)})$$

により，また C の元との乗法を

$$c(c^{(1)}, \cdots, c^{(r)}) = (c^{(1)}, \cdots, cc^{(r)}),$$
$$(c^{(1)}, \cdots, c^{(r)})c = (c^{(1)}c, \cdots, c^{(r)}c)$$

によって定義し，

$$b_1 = (10\cdots 0), \quad \cdots, \quad b_r = (00\cdots 1)$$

と置く．しかるときは

$$(c^{(1)}, \cdots, c^{(r)}) = \sum_{i=1}^{r} c^{(i)} b_i$$

である．分配律を仮定すれば，この記号の間の乗法は，B の基 b_i の間の乗
法

$$b_i b_j = \sum_k \beta_{ijk} b_k$$

によって定義される．この記号がかくて多元環をなすことは明らかで，C の

基を $c_1, \cdots, c_s$ とすれば $c_j b_i, j=1, \cdots, s, i=1, \cdots, r$ がその基をなす．かく構成された多元環に同型なる環が $B \times C$ なることも明らかで，それは C の基の取り方には無関係である．同様に B の元に $(b^{(1)}, \cdots, b^{(s)})$ なる記号を対応させても $B \times C$ に同型な多元環を得るから，それは B の基の取り方にも無関係である．この考え方は B または C の一方の階数が無限の場合にも適用することができる．

　K の上の多元環 A において，K を拡大して K' の上で考えることは，すでに1章において触れたが，それは A と K' の直積 $A_{K'} = A \times K'$ を考えることにほかならない．また Wedderburn の定理は，単純多元環が，K の元を分子とする r 次の行列全部のなす多元環 K_r と，多元体との直積

$$A = K_r \times D$$

に同型なることを主張するものである．

　多元環 A が部分環 B, C の直積であるというのは B, C に同型な $\overline{B}, \overline{C}$ について上記の意味で $\overline{B} \times \overline{C}$ をつくるとき，それが A に同型で B と $\overline{B}$，C と $\overline{C}$ が対応していることを意味する．そのためにはつぎの3条件が必要かつ十分である．

$$A = BC,$$

B の元 b と C の元 c とは可換 $bc = cb$，A の階数は B の階数 r と C の階数 s との積 rs である．

　この条件が必要なることは定義から明らかである．逆にこの条件が成立すれば，B の基 $b_1, \cdots, b_r$ と，C の基 $c_1, \cdots, c_s$ より A の基 $b_i c_j, i=1, \cdots, r, j=1, \cdots, s$ が得られる．A の階数が rs だからである．

6.4　正規単純環

　単純多元環 $A = K_r \times D$ の核心 Z は，D の核心に一致し，したがって体をなす．ゆえに A を Z の上の多元環と考えることができる．とくに K と

Z が一致するとき，A を**正規**であるという．直積なる概念と正規単純多元環との関係は，つぎの一連の定理によって与えられる．まず補助定理として多元環 A の正規な部分体 D の元と，部分環 C の元の間に交換律が成立し，D の単位元が A の単位元と一致するときは $DC = D \times C$ である．

DC は，これを D-加群と考えることができる．ゆえに C の基 $c_1, \cdots, c_s$ を，$c_1, \cdots, c_r$，$r \leqq s$ が DC の D に対する基になるように取ることができる．$r = s$ が証明できれば $DC = D \times C$ がわかる．いま $r < s$ として，

$$c_{r+1} = d_1 c_1 + \cdots + d_r c_r$$

のように，c_{r+1} を D の元 d_i および $c_j, j \leqq r$ によって表わし，

$$dc_{r+1} = c_{r+1} d$$

を書きかえれば，

$$\sum_{i=1}^{r} (dd_i - d_i d) c_i = 0.$$

1 次独立性から

$$dd_i = d_i d$$

で，d_i は D の核心 K に含まれる．これは c_{r+1} が K の上でも $c_1, \cdots, c_r$ に 1 次従属なることを示し，仮定に反す．ゆえに $r = s$ である．

6.5 逆同型なる正規単純環の直積

この補助定理を用いて，

K の上の正規多元体 D と D に逆同型なる多元体 D^{-1} の直積は K の上の行列環 K_n

なることを証明する．D の階数を n とし，D の正則表現 $[D]$ と逆正則表現 $[D]^{-1}$ を考えれば，それは K_n に含まれる多元体で，かつ両者の元は可換である——これは 3 章の終りに証明した：$ST = TS$．そして $[D], [D]^{-1}$ はそれぞれ D, D^{-1} に同型である．補助定理によって K_n は $[D] \times [D]^{-1}$

を含むのであるが, K_n と $\lbrack D \rbrack \times \lbrack D \rbrack^{-1}$ の階数が一致するから,

$$\lbrack D \rbrack \times \lbrack D \rbrack^{-1} = K_n,$$

したがって $D \times D^{-1}$ は K_n に同型である.

同型の意味で

$$K_m \times K_n = K_{mn}$$

なることは, つぎのように容易に証明される. 例のように

$$K_m = \sum_{i,j=1}^{m} KE_{ij}, \qquad K_n = \sum_{i,j=1}^{m} KE'_{ij}$$

のように表わせば,

$$K_m \times K_n = \sum KE_{ij}E'_{kl}$$

と考えて差支えない.

$$F_{(ik),(jl)} = E_{ij}E'_{kl}$$

と置けば, E_{ij} と E'_{kl} の交換律により,

$$F_{(ik),(jl)}F_{(j'l'),(rs)} = E_{ij}E_{j'r}\cdot E'_{kl}E'_{l's}$$
$$= E_{ir}E_{ks}' = F_{(ik),(rs)} \qquad (jl) = (j'l')$$
$$= 0 \qquad\qquad\qquad (jl) \neq (j'l')$$

となり, $K_m \times K_n$ が——$(ik),(jl)$ を添数と考えて——K_{mn} に同型なことがわかる.

以上二つの定理を組み合わせればつぎの定理が得られる.

K の上の正規単純環とそれに逆同型なる多元環の直積は, K の上行列環になる.

行列環は——その行列に, 列と行を入れ替えたいわゆる**転置行列**を対応させれば——それ自身に逆同型になるから $A = K_m \times D$ と $A^{-1} = K_m \times D^{-1}$ とが逆同型になる.

$$A \times A^{-1} = K_m \times K_m \times D \times D^{-1}$$
$$= K_{m^2} \times K_n = K_{m^2 n}.$$

これは単純多元環の研究において基本的な性質である． Wedderburn の定理では多元体を取り扱わなくてはならず，したがって Noether は多元体の元を分子とする行列による表現をあわせ考えた．ここに述べた定理は，それを可換体の場合に焼直すのに用いられる． Noether は可換体の場合に導くのに，もっぱら K を拡大する方法をとったが，それもこの定理によって一部分は避けられる．これは Albert（アルベルト）等によって採用された方法である．

6.6 正規単純環と単純環の直積

$A = B \times C$ が単純ならば B も C も単純であり，A が正規ならば，B も C も正規である．

$B_0 \neq 0$ を B のイデアルとすれば，$B_0 C$ は A のイデアルである：
$$AB_0C = BCB_0C = BB_0CC \subseteq B_0C,$$
$$B_0CA = B_0CBC = B_0BCC \subseteq B_0C.$$
A の単純性から直ちに $B = B_0$ がわかる．つぎに A が正規ならば，B の核心が A の核心に含まれることは明らかであるから，B も正規である．（核心が K に一致するような多元環を一般に正規ということにすれば，この定理の第2段は A の単純であることには無関係である．）

B と C が単純であっても，$B \times C$ は必ずしも単純にはならない．B と C がともに可換体なるときがその簡単な例で，それについては7章で述べることにする．

B が単純で C が正規単純であるときは，$B \times C$ は単純である．

まず C が正規多元体であるときにこの定理を証明する．B の基を $b_1, \cdots, b_r$ とすれば，
$$B \times C = \sum_{i=1}^{r} b_i C.$$

$B \times C$ のイデアル $F \neq 0$ の C 加群としての基を任意にとり，それと b_{k+1},
$\cdots, b_r$ で $B \times C$ の C に対する基が得られるとする．しかるとき $b_1, \cdots, b_k$
は明らかに F の元 f_i と C の元 c_{ij} によって

$$b_i = f_i - \sum_{j=k+1}^{r} b_j c_{ij}$$

のように表わされる．しかるとき $f_1, \cdots, f_k, b_{k+1}, \cdots, b_r$ は1次独立であるか
ら $B \times C$ の基をなし，$f_1, \cdots, f_k$ は F の基をなす．いま C の元 a による内
部同型写像——$B \times C$ の元 c をすべて aca^{-1} に写す写像——を表わせば，
B の元に対しては $b^\theta = b$ である．F はイデアルであるから，もちろん
$F^\theta = F$ である．C が正規だから $f_i{}^\theta = f_i$ を証明すれば，f_i は B に含ま
れ，f_i が B のイデアル $B \cap F$ の基になることがわかる．それから B が
単純であるから $k = r$，すなわち $F = B \times C$，すなわち $B \times C$ が単純で
あることがわかる．これから $f_i{}^\theta = f_i$ を証明しよう．

$$f_i{}^\theta = b_i + \sum_{j=k+1}^{r} b_j \, c_{ij}{}^\theta,$$

$F^\theta = F$ により

$$f_i{}^\theta = \sum_{j=1}^{k} f_i \, c_{ij}' = \sum_{j=1}^{k} b_j \, c_{ij}' + \sum_{j=k+1}^{r} b_j \sum_{s=1}^{k} c_{js} \, c_{ij}'.$$

この両式を比較すれば

$$c_{ij}' = 1 \qquad (i = j),$$
$$= 1 \qquad (i \neq j)$$

を得る．すなわち $f_i{}^\theta = f_i$ である．

　C が一般に正規単純なるとき

$$C = K_m \times D$$

とすれば，

$$B \times C = (B \times D) \times K_m.$$

$B \times D$ は単純であるから $K_n \times D'$ となり，結局

$$B \times C = K_{mn} \times D'$$

を得る．すなわち $B \times C$ は単純である．

　さらに B と C がともに正規単純なるときは $B \times C$ も正規単純である．

　$B \times C$ の元は B の基 $b_1, \cdots, b_r$ を用いて，

$$a = b_1 c^{(1)} + \cdots + b_r c^{(r)}$$

により一意的に表わされる．この元 a が C のすべての c と可換ならば，容易に $c^{(j)}$ が C の核心 K に属すること，すなわち a が B に属することがわかる．a が B のすべての元と可換であることから，a が K に属すること，すなわち $B \times C$ の正規なることが結論できる．この定理はまたつぎのように，前定理とは独立に，簡単に証明できる．

$$(B \times C)^{-1} = B^{-1} \times C^{-1}$$

なることは明らかであるから，

$$(B \times C) \times (B \times C)^{-1} = B \times B^{-1} \times C \times C^{-1} = K_m \times K_n = K_{mn},$$

K_{mn} が正規単純であるから，すでに証明したように，$B \times C$ も正規単純である．

6.7　単純部分環

　以上の直積に関する定理の応用として，正規単純環に関する重要なる 2, 3 の定理を述べよう．いずれも正規単純環の部分単純環に関する定理である．

　正規単純環 A の 1 を有する単純部分環 B の各元と可換なる元のなす多元環を $V(B)$ とすれば，

ⅰ）　$V(B)$ も単純環であり，

ⅱ）　$V(V(B)) = B$,

ⅲ）　B の核心 Z は $V(B)$ の核心に一致し，

ⅳ）　Z の各元と可換なる元は——Z の上で考えて——$B \times V(B)$ に等

しい.

v) B の階数と $V(B)$ の階数の積は A の階数に等しい.

第1段として $A = K_m$ の場合につき証明する. そのときは B は, それ自身の同型なる表現と考えられる. B が単純であるから, B の既約表現はすべて相似で, B の表現は常に完全可約である. さらに B が1を含むから, B を既約表現に分解するとき0による表現は現われてこない. この定理は B の代りに相似な表現について証明できればよいのであるから,

$$B = \begin{pmatrix} (B) & & & \\ & (B) & & \\ & & \ddots & \\ & & & (B) \end{pmatrix}$$

と仮定する. ここに (B) は既約表現である. しかるときは $V(B)$ の行列は

$$\begin{pmatrix} (c_{11}) & (c_{12}) \cdots\cdots (c_{1r}) \\ (c_{21}) & (c_{22}) \cdots\cdots (c_{2r}) \\ \vdots & \vdots & \vdots \\ (c_{r1}) & (c_{r2}) \cdots\cdots (c_{rr}) \end{pmatrix}$$

なる形をとる. ここに (c_{ij}) は (B) の各元と可換な行列で多元体をなす. ここでは行列によって説明したが, 念のためこれを表現加群についていえばつぎの通りになる. B の表現加群はたがいに同型なる r 個の単純加群の直和に分解される. B の各行列と可換なる行列はこの表現加群の自己準同型写像によって決定される. ゆえに Wedderburn の定理の証明と全く同じ考え方で, $V(B)$ が多元体の上の行列環と同型で, それを K の上の行列にて表わしたのが行列 $((c_{ij}))$ になる. しかるとき $V(V(B)) = B$, $Z = B \cap V(B)$ は明らかであり, $V(BV(B)) = Z$ であるから, $BV(B) = V(Z)$, さらに Z の上で考えれば

$$BV(B) = B \times V(B)$$

なることも見易い. $B = K_s \times D$ で D の階数が t なるときは B の階数は $t s^2$ であり, (B) の次数したがって (c_{ii}) の次数は ts である. (c_{ij}) のな

す多元体の階数は D の階数に等しく，t であるから $V(B)$ の階数は tr^2. A の階数は明らかに次数の2乗 $(rst)^2$ である．ゆえに v）が成立する．一般の正規単純環 A に対するこの定理はつぎのように $A = K_m$ の場合に帰着せしめられる．

$$A \times A^{-1} = K_m$$

は明らかに $B \times A^{-1}$ を含む．B が単純，A^{-1} が正規単純であるから，$B \times A^{-1}$ は単純である．K_m の中で考えれば——添数 m をつけて——

$$V_m(V_m(B \times A^{-1})) = B \times A^{-1}$$

である．しかるに

$$V_m(B \times A^{-1}) = V(B)$$

であるから，$V(B)$ は単純である．さらに

$$V_m(V(B)) = V(V(B)) \times A^{-1},$$

したがって $\qquad\qquad B = V(V(B)).$

$Z = B \cap V(B)$ が B および $V(B)$ の核心なることは明らかであり，したがって Z の上で考えて $BV(B) = B \times V(B)$ である．これは $V(Z)$ に一致する．v）の成立することも見易い．これで証明は完結した．

6.8 同型な二つの単純部分環

正規単純環 A の1を有する単純部分環 B, B' が同型であるとき，その同型写像は A の適当な内部同型写像によってひき起こされる．ここに内部同型写像というのは，A の元 b を $a^{-1}ba$ に写す自己同型写像をいう．a はもちろん b に無関係な A の元である．まず $A = K_m$ のときを考えれば，B, B' はそれ自身の表現とみられ，B と B' が同型であるから，前定理の証明におけるように，B, B' を既約表現に分解してみれば，個数が等しいから，B, B' は相似表現であることがわかる．これが $A = K_m$ における定理である．一般の A に対しては再び

$$A \times A^{-1} = K_m$$

を考える. B と B' との間には与えられた同型対応から, A^{-1} の元はそれ自身に対応させれば, $B \times A^{-1}$ と $B' \times A^{-1}$ との間の同型対応が得られる. この両者は単純であるから, K_m の元 a による内部同型写像により, $B \times A^{-1}$ と $B' \times A^{-1}$ の間の同型対応がひき起こされる. a は A^{-1} のすべての元と可換であるから, A に属す. すなわち B と B' との同型対応は A の元による内部同型写像によって得られる. とくに $A = B = B'$ とすれば, A の自己同型写像は必ず内部同型写像なることがわかる.

6.9 Kronecker (クロネッカー) 積

この章の終りに直積の正則表現について一言注意して置く. 一般に B の表現 (B) と C の表現 (C) が与えられたとき, B の元 b に r 次の行列 (b_{ij}) が対応し, C の元 c に s 次の行列が (c_{ij}) 対応するものとする. しかるとき bc に

$$\begin{pmatrix} (b_{ij}) & & & \\ & (b_{ij}) & & \\ & & \ddots & \\ & & & (b_{ij}) \end{pmatrix} \begin{pmatrix} c_{11}E & c_{12}E \cdots\cdots c_{1s}E \\ c_{21}E & s_{22}E \cdots\cdots c_{2s}E \\ \vdots & \vdots \qquad\quad \vdots \\ c_{s1}E & c_{s2}E \cdots\cdots c_{ss}E \end{pmatrix}$$

を対応させることにより, $B \times C$ の表現が得られる. ここに E は r 次の単位行列を示し, 元の和には行列の和を対応させるものとする. これは証明するまでもあるまい. (B) の代りに (C) を分解した形で書いても, それは行, 列の順番の入れかえに過ぎず, もちろん相似変換によって得られる. このような行列の乗法, さらにそれによる表現をも (b_{ij}) と (c_{ij}) の **Kronecker 積**, (B) と (C) の Kronecker 積という. B の正則表現と C の正則表現の Kronecker 積は $B \times C$ の正則表現である. これらは証明するまでもあるまい. この事柄を利用すれば**直積を正則表現の Kronecker 積によって定義**することもできる.

7 章

基 礎 体 の 拡 大

7.1 K の 拡 大

　これまでは基礎体 K を固定して理論を組み立ててきたが，K を拡大すれ
ばそれにしたがって多元環の構造に本質的な変化が起こることもある．実数
の上の 4 元数が体をなすにもかかわらず，複素数体に拡大すると，それは行
列環に同型になり，単純環ではあるが体をなさない．これは変化が起こる一
例である．表現論においても多元環の表現を基礎体の元を分子とする行列に
限る必要はなく，4 元数に対して複素数を分子とする行列による表現を考え
たように，基礎体の拡大体における表現を考えることもできる．それには，
体 K の上の多元環を，その基の間の乗法はそのままにして，K の拡大体
K' の上の多元環と考え，それを表現すればよいので，そこにまた表現論と，
基礎体 K の拡大にともなう多元環の構造の変化とが関連してくる．このよ
うに多元環の基礎体の拡大にともなう理論は，それ自身重要であるばかりで
なく，多元環の構造も基礎体を適当に拡大して初めて明らかにされる場合が
ある．この章において基礎体の拡大に関する理論と，その応用を一括して論
ずることにする．いままで通り単位元の存在は常に仮定する．

　体の拡大に関する理論は体論の主要部分を占めているので，それに関する
定理を，ここで一つ一つ系統的に述べることは，本書の目的でもないから，
ここでは体の拡大体も多元環の拡大の特殊な場合と考え，体独特な理論はた
だ説明するに止めよう．

多元環 A と基礎体 K の拡大体 K' との直積は，K' の上の多元環と考えられる．これを $A_{K'}$ で表わすのが普通である．

$$A = a_1 K + \cdots + a_n K,$$

$$a_i a_j = \sum_{k=1}^n a_k \kappa_{ijk}$$

であるとき，$A_{K'}$ は

$$A_{K'} = a_1 K' + \cdots + a_n K'$$

$$a_i a_j = \sum_{k=1}^n a_k \kappa_{ijk}$$

により定義される多元環を示すのである．

7.2 代数的閉体

体 K の拡大体 K' の元で，K の元を係数とする方程式を満足するものを代数的といい，代数的元のみから成るとき，K' を代数的拡大体という．K の代数的拡大体の中に最大なる体 Ω が存在する．ここで最大というのは K の代数的拡大体はすべて Ω のある部分体に同型であり Ω はもはや代数的には拡大されないことを意味している．Ω の元を係数とする多項式はしたがってすべて1次式に分解される．またこのような体 Ω を代数的閉拡大体という．Ω の上の多元環の理論は簡単である．それは

Ω の上の多元体が Ω 自身以外に存在しない

ことによるのである．いま A を Ω の上の多元体とする．Ω に含まれない元 a があれば，a の有理式は Ω を含む．すなわち Ω の代数的拡大体になり仮定に反する．ゆえに $A = \Omega$ である．したがって Ω の上の単純環は Ω の上の行列環 Ω_m になる．

7.3 分離多元環

A が正規単純環であるとき，A_Ω が単純環であることは $A_\Omega = A \times \Omega$ として6章ですでに証明した．A_Ω がイデアルを有すれば，そのイデアルの基

を A の基によって表わすとき必要な係数を K に添加して得られる K の有限拡大体 L に対して，A_L がイデアルを有し，単純にならないから，6.6. の定理に反することになる．しかし A が単に単純環であると仮定しただけでは A_Ω は一般に準単純にもならないことがある．A_Ω が準単純であるとき，A を**分離多元環**という．A がイデアルの直和

$$A = B + C$$

ならば，

$$A_\Omega = B_\Omega + C_\Omega.$$

さらに A が直積

$$A = B \times C$$

ならば，Ω の上の多元環と考えて，

$$A_\Omega = B_\Omega \times C_\Omega$$

であることは明らかである．ゆえに準単純環の分離性は単純環により，単純環の分離性はつぎに示すように多元体により決定される．$A = K_m \times D$ であるとき，D が分離多元体で $D_\Omega = B_1 + \cdots + B_r$ ならば

$$A_\Omega = \Omega_m \times D_\Omega = \Omega_m \times (B_1 + \cdots + B_r)$$
$$= (\Omega_m \times B_1) + \cdots + (\Omega_m \times B_r).$$

ここで B_i が単純ならば $\Omega_m \times B_r$ も単純である．逆に D_Ω が準単純でなく巾零イデアル N を持てば，$\Omega_m \times N$ は A_Ω の巾零イデアルである．

さらに多元体 D の分離性はつぎに示すように，D の核心 Z の分離性によって決定される．D_Ω の核心は明きらかに Z_Ω である．まず D_Ω のイデアル P に対して，

$$P = QD_\Omega, \qquad Q = P \cap Z_\Omega$$

なる Z_Ω のイデアル Q が存在することを証明する．イデアル P の基を D の基の1次式で表わしたとき，その係数を K に添加する．かくて K に対して有限次の拡大体が得られる．D において，K をかく拡大するとき，こ

の定理が成立すれば，Ω についても成立することは明らかである．ゆえに Ω が代数的閉体とは限らず，K の有限の拡大体である場合に，この定理が証明できればよい．$D_\Omega = D \times \Omega$ にて，Ω の元は動かさない D の内部同型写像を θ とする．P の D-加群としての基を任意にとり，それと，Ω の K に対する基の一部 $b_{k+1}, \cdots, b_r$ にて D_Ω の D に対する基が得られる．$b_1, \cdots, b_r$ が Ω の K に対する基であるとき $b_i, i \leqq k$, を P の元 p_i と D の元 d_{ij} によって

$$b_i = p_i + \sum_{j=k+1}^{r} b_j d_{ij}$$

のように表わす．しかるとき——正規多元体と単純環の直積が単純であることを証明したときと全く同じく——p_i は Z_Ω に属することがわかる．かつ p_i を基とする D-加群が P である．p_i を基とする Z-加群を Q とすれば $Q = P \cap Z_\Omega$ で Q が求めるイデアルであることがわかる：$QD_\Omega = P$.

　D_Ω のイデアル P が巾零であるときは $Q = P \cap Z_\Omega$ ももちろん巾零である．逆に Z_Ω の巾零イデアル Q に対し QD_Ω は D_Ω の巾零イデアルである．これで D の分離性が Z の分離性に帰着せしめられ，ここに問題は体に関する問題になる．

7.4 K の分離的拡大

　代数的閉体 Ω の上の可換な単純環は——Ω の上に多元体が存在しないから——Ω に同型になる．これを表現の方でいえば，可換な多元環の Ω における既約表現の次数は 1 である．Z の K に対する階数（次数という方が普通である）を n とし，Z の Ω における既約表現を考える．Z_Ω が完全可約ならば，Ω に同型な n 個のイデアルの直和に分解され，そのおのおのから n 個の異なる既約表現が得られる．これは Z が Ω の中に n 通りに同型に写像されることを意味する．ただし K の元はそれ自身に写されるものとする．も

し Z_Ω が完全可約でなく根基を持てば Z_Ω の既約表現の個数は 根基を法とした剰余環の階数に等しく，n より小さくなる．ゆえに Z の分離性は Z の Ω の中への同型写像の個数が n に等しいか否かによって決定される．普通体論ではこの性質の方が分離性の特色として一般に知られている．ここの説明は我々の分離性に対する定義が，普通体論で与えられている拡大体の分離性の定義を含んでいることを示すものである．

7.5 Galois の定理. 正規な基

標数 0 の体の如何なる代数的拡大体も分離的なることを周知とすればこの定理が準単純環についても成立することは，上に説明したことから明らかである．したがって数体等を基礎体とする限りは分離性は問題にならない．分解的拡大体について，最も特筆すべきは，有名な Galois の理論の成立することである．K の有限次の拡大体 K' の元 a の満足する K における既約方程式

$$f(x) = 0$$

について，$f(x)$ が K' において必ず1次式に分解されるとき，すなわち，a に共役な元がすべて K' に含まれるとき，K' を K の Galois 拡大体という．K' をそれを含む代数的閉体の中で考えるとき，K' の Ω の中への（K の元を動かさない）同型写像により K' の元は共役元に移されるから，K' はそれ自身に写される．K' が K に対して分離的ならばちょうど n 個の自己同型写像が得られ，それ等は群——K' の K に対する Galois 群——をなす．ここに n は K' の K に対する次数である．Galois 群を G，その元を $\sigma_1, \cdots, \sigma_n$，かつ σ によって K' の元 a が a^σ に写されるものとする．K' を K の上の多元環と考えて K_Ω' をつくれば K_Ω' は n 個の Ω に同型な体に分解される．それは n 個の直交する巾等元によって，

$$K_\Omega' = e_1\Omega + \cdots + e_n\Omega$$

のように表わされる．これを K' の表現加群と考えれば，K の元 a に対して

$$ae_i = e_i a_i$$

なる Ω の元 a_i が決定し，a に a_i を対応させて n 個の異なる（1次の）表現が得られる．σ によって Ω の元は動かないものとすれば，σ が K_Ω' の自己同型写像を表わすと考えても差支えない．しかるに $e_i\Omega$ は K_Ω' により順序を度外視して，一意的に決定されるから，σ によって $e_1\Omega, \cdots, e_n\Omega$ の間の置換，したがってその各単位元である $e_1, \cdots, e_n$ の間の置換 P_σ が起こされる．しかるに

$$a^\sigma e_i^\sigma = e_i^\sigma a_i$$

で，a^{σ_j} に a_i を対応させれば，$j = 1, \cdots, n$ に対して，n 個の異なる表現が得られるのであるから，$e_1, \cdots, e_n$ は全体として $e_i^{\sigma_1}, \cdots, e_i^{\sigma_n}$ に一致する．これは K_Ω' を

$$\sigma a = a^\sigma$$

によって Galois 群 G の表現加群——G を左作用団に持つ Ω-加群——と考えると K'_Ω が G, Ω により同型の意味で一意的に決定されることを示している．

G の元 $\sigma_1, \cdots, \sigma_n$ に，$u(\sigma_1), \cdots, u(\sigma_n)$ なる Ω に対して1次独立なる元を対応させ，

$$u(\sigma_i)u(\sigma_j) = u(\sigma_i \sigma_j)$$

とすれば，分配律等を仮定して，多元環

$$S(G, \Omega) = u(\sigma_1)\Omega + \cdots + u(\sigma_n)\Omega$$

を得る．これは一般の体 Ω に対していえることで，群 G の Ω の上の**群環**と呼ばれる．群の表現はこのような群環の表現に帰着させられ，その理論は多元環の表現論の中に吸収される．それはさておき，我々の当面の問題に帰って，$e_i^{\sigma_j}$ と $u(\sigma_j)$ を対応させれば，Galois 群 G の Ω における表現加群と考えて，K_Ω' が $S(G, \Omega)$ に同型になる．その場合，作用素 σ と $u(\sigma)$ を一致させて考えることにする．

K' の基 $a_1, \cdots, a_n$ は同時に K_{Ω}' の基である.

ゆえに

$$\sigma(a_1 \cdots a_n) = (a_1{}^{\sigma} \cdots a_n{}^{\sigma}) = (a_1 \cdots a_n) Q_{\sigma}$$

なる行列 Q_{σ} による G の表現は, 先に与えた

$$\sigma(e_1 \cdots e_n) = (e_1 \cdots e_n) P_{\sigma}$$

による表現——すなわち群環による正則表現——と Ω において相似である. しかるにこの二つの表現はともに K' の元を分子とする行列による表現であるから, 後に示すように, Ω において相似ならば K' において相似である. ゆえにつぎの定理を得る. K' を Galois 群 G の K における表現加群と考えれば, K' は群環——これももちろん G の表現加群と考えて——に同型である. ゆえに群環の1に対応する K' の元を a とすれば $a^{\sigma_1}, \cdots, a^{\sigma_n}$ がちょうど K' の K に対する基になる. このような基を**正規な基**という.

　G の部分群 H と, K' の K を含む部分体 L の間に, つぎのような1対1の対応がつくことを主張するのが Galois の基本定理である. H の元により動かない K' の元のなす体 L を H に対応させる. K' の部分体 L のすべての元を動かない G の元のなす部分群 H を L に対応させる. **Galois の基本定理**は, この二つの対応が同一の対応で, かくて G の部分群と K' の部分体の間に1対1の対応が得られることを示すものである. L が与えられたときそれに対応する H をとり, H に対応する L' をとれば, $L = L'$ である. H は K' の L に対する Galois 群であるから, その位数は K' の L に対する次数に等しい. L' に H' が対応するとすれば, 容易に $H = H'$ を知り, L' が L を含むことは明らかであるから, K' の L, L' に対する次数の等しいことから $L = L'$ が結論できる. これは通常 Galois の基本定理の証明に用いられている方法である. H が与えられたとき, それに対応する L をとり, L に対応する H' をとれば, $H = H'$ である. H が H' に含まれることは明らかで, H' の位数は, それが K' の L に対する Galois 群

であるから，K' の L に対する次数に等しい．いま H の元を $\tau_1, \cdots, \tau_r$ と
すれば，G の元 $\sigma_1, \cdots, \sigma_s$ を適当にとって，G の元を $\tau_r\sigma_j$ にて表わすこと
ができる．これは群論で用いられる G の H による類別である．もちろん
$n = rs$．いま

$$\tau = \tau_1 + \cdots + \tau_r$$

と置けば，

$$\tau\sigma_1, \cdots, \tau\sigma_s$$

は H の元にて動かない $S(G.K)$ の元である．その K に対する階数は s で
あるから，$S(G,K)$ に対応する K' の部分体 L の K に対する階数も s，
したがって K' の L に対する階数は r，すなわち H の位数に等しい．H'
が H を含み，その位数が等しいから，$H' = H$．これで Galois の定理が証
明された．

7.6 相 似 表 現

　思わず体の理論に深入りしたが，この辺からまた本論に立ち帰ることにす
る．まず残して置いた定理：K の上の多元環 A の二つの（K の上の）表現
(A)，$(A)'$ が，K の拡大体 K' において相似ならば K においても相似で
ある．これは表現加群に直してみればつぎの通りになる．A の二つの表現
加群を

$$M = a_1K + \cdots + a_rK, \qquad N = b_1K + \cdots + b_sK$$

とする．もし

$$M_{K'} = a_1K' + \cdots + a_rK', \qquad N_{K'} = b_1K' + \cdots + b_sK'$$

が表現加群として同型ならば，M, N も同型である．証明は簡単である．K'
の K に対する基を $c_1, \cdots, c_m$ とすれば，$M_{K'}$ は K 加群として

$$M_{K'} = Mc_1 + \cdots + Mc_m$$

で表わされる．Mc_i は M と同型な表現加群をなす．M と $M_{K'}$ を直既約な

部分加群の直和に分解すれば，Remak-Schmidt の定理によって，$M_{K'}$ は各直和因子を，M の m 倍ずつ持っている．$M_{K'}$ と $N_{K'}$ は同型であるから，この直和因子をそれぞれ同数だけ持っている．ゆえに M と N もやはり同数だけ持ち，M と N は同型である．

7.7　絶対既約表現．分解体

K の上の多元環 A の代数的閉体 Ω における既約表現——これを**絶対既約表現**という——を考える．A のすべての互の相似でない絶対既約表現において，A の基に対応する行列の分子をすべて K に添加して拡大体 L が得られたとする．しかるとき L における既約表現は絶対既約である．このようにすべての絶対既約な表現が L における表現に相似になるとき，L を**分解体**という，K に対して有限次の分解体が存在することは，既約表現の個数が有限であることからわかる．

L が A の分解体であることは，L が A の根基を法とした剰余環の分解体であることを意味する．準単純環 A の分解体は各単純直和因子の共通な分解体にほかならない．ゆえに分解体の問題は単純環の分解体について考えればよいことになる．単純環 A が正規でないとき，A_Ω（A が分離的でない場合は A_Ω の根基を法とする剰余環）は正規単純環の直和に分解される．それは表現の方からみれば A の分解体は核心 Z の分解体，すなわち Z の Ω の中への同型写像において，像になる元をすべて K に添加して得る Galois 拡大体 K^* を含まなくてはならないことを示している．ゆえに，まず K をそこまで拡大すれば，A_{K^*} は K^* の上の正規単純環の直和になり，結局問題は正規単純環の分解体を考えればよいことになる．

A が正規単純環であるとき，L が分解体であるためには $A_L = L_m$ であることが必要かつ十分である．$A_L = L_m$ ならば L_m は A_L の表現として，明らかに絶対既約であるから，L は分解体である．逆に L を分解体とする A

が正規単純だから，A_L も正規単純で，

$$A_L = L_n \times D$$

のように，正規多元体 D により表わされる．しかるとき D の元を，その正則表現によって表わせば，nr 次の L における既約表現を得る．しかるに D_Ω はまた正規単純であるから　Ω_s, $s^2 = r$, となる——D の階数が平方数であることを示している——:

$$A_\Omega = \Omega_{ns}.$$

A_Ω は単純であるから，Ω における既約表現はみな相似である．したがって A は L において ns 次の既約表現を持つことになり，$nr = ns$, $r = s = 1$, $D = L$ であることがわかる．ゆえに $A_L = L_m$ のようになる．以上の所論から正規単純環については $A_L = L_m$ によって分解体を定義しても差支えないことがわかる．一般には A_L の根基を法とした剰余環が L の上の行列環の直和になるような L を分解体といっても，前の定義と同じことである．

　とくに A が体であるときは A を含む最小の K の Galois 拡大体が存在する．A の元に共役なる元をすべて K に添加して得られる拡大体で，これが A の最小の分解体である．A の拡大体はこの最小分解体を，同型の意味で含むとき，そのときに限って A の分解体である．一般の多元環では最小の分解体は存在しない．極小なる分解体，すなわち他の分解体を含まないような分解体も一意的には決定されない．

7.8　絶対既約表現の個数

　分離的な単純環 A の核心を Z, Z の最小分解体，すなわち Z を含む最小の Galois 拡大体を L とすれば，A_L は L の上の正規単純環の直和に分解され，それから L を Ω まで拡大してもそれ以上単純環の直和に分解されない．これを表現の方でいえば A の既約表現は L において，Z の次数だけの異なる既約表現に——直可約の意味で——分解され，それ以上 L を Ω ま

で拡大しても，*L* における一つの既約表現は相似な既約表現に分解されるの
みである．したがって *A* の既約表現を Ω で分解するとき，異なる既約表現
の個数は核心 *Z* の次数に等しい．*A* の *K* における既約表現はただ一つよ
りない．また Ω における既約表現は必ず *K* における既約表現を分解すると
き現われるから，*A* の絶対既約表現の個数は核心の次数に等しい．この定理
は直ちに分離環にまで拡張できる．分離環の絶対既約表現の個数はその核心
の階数に等しい．

　多元環 *A* の根基を法とする剰余環が準単純であるばかりでなく，分離的
なるときは，*A* は根基と，その剰余環に同型なる部分環──これはイデアル
ではない──との，*K*-加群の意味で，直和になる．この有名な定理の証明
は省略しておく．

7.9 指標．正則指標．単純指標．複合指標．固有値．固有和．最小多項 式．一般元．階数多項式．主多項式．主固有和．被約指標

　多元環 *A* の表現 (*A*) において，*A* の元 *a* に対応する行列 (a_{ij}) の対角
線上の元の和を *a* に対応させ，(*A*) の**指標**という．指標を表わすのに χ な
る文字を使うのが慣例である．

$$\chi(a) = \Sigma a_{ii}$$

指標は表現によって決定されるので，表現の種類によって，いろいろの値を
とる．正則表現の指標を**正則指標**，既約表現の指標を**単純指標**，可約表現の
指標を**複合指標**と呼ぶ．

$$|xE - (a_{ij})| = 0$$

の根を (a_{ij}) の**固有値**と呼べば，その和──**固有和**──がすなわち $\chi(a)$ で
ある．ここに *E* は単位行列を示すものとする．一般に多項式

$$F(x) = a_0 x^n + \cdots + a_n$$

に対して，

$$F((a_{ij})) = a_0(a_{ij})^n + \cdots + a_n E$$

によって行列の多項式を定義する. しかるとき

$$F((a_{ij})) = 0, \qquad G((a_{ij})) = 0$$

ならば, F, G の最大公約数 $T(x)$ に対しても

$$T((a_{ij})) = 0$$

である. なぜならば

$$F(x)F'(u) + G(x)G'(x) = T(x)$$

なる多項式 $F'(x)$, $G'(x)$ が存在するゆえ, ここに (a_{ij}) を代入すれば, $T((a_{ij})) = 0$. ゆえに (a_{ij}) の満足する最低次の多項式は一意的に (K の元の因子はもちろん度外視して) 決定される. それを (a_{ij}) の **最小多項式** という. 単因子論を用いれば最小多項式は $|xE - (a_{ij})|$ の最高次の単因子である. すなわち $|xE - (a_{ij})|$ の $n-1$ 次 (n は (a_{ij}) は次数) の小行列式の最大公約数 $D_{n-1}(x)$ をとすれば,

$$\frac{|xE - (a_{ij})|}{D_{n-1}(x)}$$

が (a_{ij}) の最小多項式である. したがってそれは K の如何なる拡大体においても変らない. また (a_{ij}) の相似変換によっても変らない.

　最小多項式なる考えは, つぎのように多元環の理論に持ち込まれる. 多元環 A の正則表現, 一般に A に同型なる表現において元 a に対応する行列 (a) の最小多項式を a の最小多項式という. しかるときそれが a により一意的に同型表現の取り方に無関係に決定されることは明らかである. A の階数が n であるとき, n 個の独立な変数 $x_1, \cdots, x_n$ を基礎体 K に添加し, その有理式のなす体 $K(x_1, \cdots, x_n)$ に拡大し, そのうえの多元環と考え

$$x = a_1 x_1 + \cdots + a_n x$$

を A の **一般元** という. ただし $a_1, \cdots, a_n$ は A の基である. いま別の基 $b_1, \cdots, b_n$ に対して

$$x = b_1 y_1 + \cdots + b_n y_n$$

とすれば, $y_1, \cdots, y_n$ は $x_1, \cdots, x_n$ の1次独立なる1次式であるから, また独立な変数である. ゆえに一般元は基の取り方によらずに定義される. 一般元 x の最小多項式を $F(z; x_1, \cdots, \cdots, x_n)$ とすれば, これは基の取り方に無関係で, かつ K を拡大しても変化しない. $x_1, \cdots, x_n$ に K の元を代入すれば,

$$F(a; \kappa_1, \cdots, \kappa_n) = 0.$$

ただし, ここに

$$a = a_1 \kappa_1 + \cdots + a_n \kappa_n$$

とする. $F(z; x_1, \cdots, x_n)$ を A の**階数多項式**, $F(x; \kappa_1, \cdots, \kappa_n)$ を a の**主多項式**という.

$$F(z; \kappa_1, \cdots, \kappa_n) = 0$$

のすべての根の和を z の**主固有和**という.

　A が分離的なるときは, 代数的な拡大体 Ω に対して A の異なる絶対既約表現 $(A)_1, \cdots, (A)_r$ をとれば, A は

$$(A) = \begin{pmatrix} (A)_1 & & & \\ & (A)_2 & & \\ & & \ddots & \\ & & & (A)_r \end{pmatrix}$$

によって同型に表現される. しかるとき一般元 x に対応する行列を

$$(x) = \begin{pmatrix} (x)_1 & & & \\ & (x)_2 & & \\ & & \ddots & \\ & & & (x)_r \end{pmatrix}$$

とすれば,

$$|xE - (x)| = |xE_1 - (x)_1| \cdots |xE_r - (x)_r|$$

は階数多項式である. 一般に多元環 A がイデアルの直和

$$A = A_1 + A_2$$

に分解されるとき,

$$a = a_1 + a_2$$

とすれば

$$f(a) = f(a_1) + f(a_2)$$

であるから a の最小多項式は a_1 と a_2 の最小多項式の最小公倍数である.
とくに a が一般元なるときは明らかに a_1 と a_2 の最小多項式の積が a の最
小多項式になる. いま我々の場合, $(x)_i$ は A_Ω の単純なイデアルの表現にな
っており, Ω が代数的閉体であるから, 一般元は

$$(x) = \begin{pmatrix} (x_{kl}{}^{(1)}) & & \\ & \ddots & \\ & & (x_{kl}{}^{(r)}) \end{pmatrix}$$

で表わされ, $x_{kl}{}^{(i)}$ が独立変数であるから, 行列式

$$|zE_i - (x_{kl}{}^{(i)})|$$

は容易にわかるように既約である. 一般に行列 (y) が $|zE - (y)| = 0$ を満
足することは, たとえば単因子に関する標準型から, よく知られていること
である. 以上を総括すれば $|xE - (x)|$ が一般元 x の最小多項式であること
がわかる. ゆえに, このように異なる絶対既約表現によって決定される表現
(A) の指標は, 各元の主固有和を求めることによって得られる. この指標は
A により一意的に決定されるもので, A の**被約指標**という.

7.10　分解体と指標

単純環 A の既約表現をさらに——K を拡大して——分解するには, まず
A の核心 Z を含む最小の Galois 拡大体 K' にまで K を拡大すべきであっ
た. それ以上に拡大するときは, K' における既約表現は互いに相似ないく
つかの既約表現に分解されるに過ぎない. 一方 A の絶対既約表現が得られ
たとすれば, 分解体は必ず絶対単純指標を含んでいなくてはならない. し
かるに絶対既約表現においては, すべての行列と可換な行列は明らかに λE
の形をとるから, A の核心の指標は $m\lambda$ となる. ここに m は表現の次数で
ある. ゆえに K の標数が 0 であるとき, K が絶対単純指標を含んでいれ

ば，絶対既約表現に同型な多元環は正規単純環である．これは一般に K に絶対単純指標を添加して K'' を得たとするとき，$A_{K''}$ が正規単純環の直和に分解されることを意味するから，K'' は K' を含む．逆に $A_{K'}$ は正規単純環の直和に分解されるから，核心に対する絶対単純指標はもちろん，任意の元の絶対単純指標も何倍かすれば K' に含まれる．ゆえに K' と K'' は一致する．すなわち単純環 A の核心を含む最小 Galois 拡大体は，すべての絶対単純指標を添加することにより得られる．

7.11 完全可約表現の指標

さらに重要な指標の性質はつぎの定理によって示される．標数 0 の体における完全可約表現は，その指標が一致するとき，そのときに限り相似である．相似なる表現の指標が一致することは明らかである．逆に二つの完全可約表現の指標が一致するとき，その二つの表現が相似であることを証明する．完全可約表現を取り扱うのであるから与えられた多元環 A が完全可約であると仮定しても差し支えない．A を単純イデアルの直和に分解する：

$$A = A_1 + \cdots + A_m.$$

しかるとき，A の表現は各 A_i の表現により決定される．指標を用いて表わせば，A_i の——唯一の——既約表現の指標を χ_i とすれば，A の表現が r_i 個の A_i の既約表現を含むときは，その指標は

$$\chi = r_1\chi_1 + \cdots + r_m\chi_m.$$

他の表現も同一の指標を持つのであるから，

$$\chi = s_1\chi_1 + \cdots + s_m\chi_m.$$

これから $s_i = r_i$ が証明できればよい．A_i の元 a_i に対しては，$\chi_j = 0$ $(i \neq j)$ であるから

$$r_i\chi_i(a_i) = s_i\chi_i(a_i).$$

A_i の単位元 e_i に対しては，$\chi_i(e_i)$ は既約表現の次数に等しく，0 でないか

ら，これから $r_i = s_i$ であることがわかる.

7.12 判 別 式

多元環 A が基 $a_1, \cdots, a_n$ および乗法

$$a_i a_j = \sum_{k=1}^{n} a_k \, \kappa_{ijk}$$

で与えられたとき，κ_{ijk} のみによって決定される A の性質は，基礎体 K の
拡大に対して不変な性質である．ゆえに K に無関係な性質に対しては，当
然 κ_{ijk} のみによる判定条件が要求される．我々のいままで取り扱って来た
性質の中で正規単純であること，分離約であること，この両者は K の拡大
に対して不変な性質である．ここでこの両者に対する判定条件を与えよう.
χ_r が被約指標——主固有和を表わすとき，

$$| R | = | \chi_r(a_i a_k) |$$

なる n 次の行列式を A の**判別式**という．判別式の 0 なるか否かは基の取
り方には関係しない性質である．これは簡単な計算で証明される．A の他
の基 $b_1, \cdots, b_n$ をとり，a_i より行列 P を有する 1 次変換で b_j が得られると
する:

$$(b_1 \cdots b_n) = (a_1 \cdots a_n)P.$$

もちろん $|P| \neq 0$ である．b_i を左から乗じて χ_r をとれば，

$$(\chi_r(b_i b_1) \cdots \chi_r(b_i b_n)) = (\chi_r(b_i a_1) \cdots \chi_r(b_i a_r))P$$

である．$i = 1, 2, \cdots n$ に対する n 個の式をいっしょにして，

$$(\chi_r(b_i b_k)) = (\chi_r(b_i a_k))P$$

を得る．P の行と列を取り替えたいわゆる転置行列 P' を用いれば

$$\begin{pmatrix} b_1 \\ \vdots \\ b_n \end{pmatrix} = P' \begin{pmatrix} a_1 \\ \vdots \\ a_n \end{pmatrix}$$

で，この両辺に右から a_k と乗じて χ_r をとれば，前と同様にして

$$(\chi_r(b_ia_k)) = P'(\chi_r(a_ia_k))$$

が得られる．ゆえに

$$(\chi_r(b_ib_k)) = P'RP.$$

行列式をとって

$$|\chi_r(b_ib_k)| = |P|^2|R|.$$

$|P| \neq 0$ であるから，$|R| = 0$ なるときそのときに限り

$$|\chi_r(b_ib_k)| = 0$$

A が分離的なるために必要かつ十分なる条件は，判別式が 0 でないことである．

A が代数的閉体の上の多元環なる場合を考えればよい．A が巾零イデアルを持つときはその表現を分解してみれば明らかなように——既約表現においては巾零イデアルの元には 0 が対応するから——巾零イデアルの元の指標は常に 0 である．ゆえにたとえば a_n を巾零イデアルに含まれるようにとれば，

$$\chi_r(a_1a_n) = \cdots = \chi_r(a_1a_n) = 0$$

で判別式は明らかに 0 になる．A が準単純だとすれば，A を単純イデアルの直和に分解し，

$$A = A_1 + \cdots + A_r.$$

その基を，例のごとく行列の単位 $e_{ij}^{(k)}, k = 1, \cdots, r$ とすれば，容易にわかるように異なる k については積が 0 になり同一の k については

$$\chi_r(e_{ij}e_{ji}) = \chi_r(e_{ii}) = 1$$

以外は

$$\chi_r(e_{ij}e_{kl}) = 0$$

であることが知られるから $|R| = 1$，これで証明は完結した．

ここに被約指標を用いたが K の標数が 0 であるときは被約指標の代りに正則指標を用いることができる，その場合は準単純環は常に分離的であるか

ら，通常つぎのように述べられる．標数 0 の体の上の多元環は正則判別式

$$|\chi_h(a_ia_k)|$$

が 0 でないとき，そのときに限り準単純である．ここに χ_h は正則指標を表わす．証明は全く同じで，代数的閉体にまで拡大して考えればよい．

7.13　正規単純性の判別

　正規単純性の判定条件を与える前に．まずつぎの補助定理を証明する．A が正規単純なるために必要かつ十分なる条件は，一般元

$$x = a_1x_1 + \cdots + a_nx_n$$

に対して，AxA が K-加群として，階数 n^2 であることである．まず AxA の階数を n^2 とする．その基は a_ixa_j により与えられなければならない．ゆえに $axb = 0$ なる $a \neq 0$, $b \neq 0$ は存在しない．A が巾零イデアルを持てば，$N^2 = 0$ なる巾零イデアル N が存在し，N の元を a,b とすれば $axb = 0$ となる．ゆえに A は準単純である．

$$A = A_1 + A_2$$

のように，A がイデアルの直和に分解されれば，A_1 の元 a と A_2 の元 b に対して $axb = 0$ であるから，A は単純である．A の核心が K と異なれば K に含まれない核心の元 a に対しては

$$ax = xa.$$

ゆえにこの a を A の基の一部にとれば，n^2 個の a_ixa_j が 1 次独立であることに反す．ゆえに A は正規単純環である．逆に A が正規単純であるときは，A_Ω も正規単純で，それは——Ω を代数的閉体とす——

$$A = \sum_{i,j=1}^{m} e_{ij}\,\Omega, \qquad m^2 = n$$

にて表わされる．一般元 $\sum e_{ij}\,x_{ij}$——一般元は基の変換を行なってもやはり一般元である——に対して，

$$e_{ij}(\sum e_{rs}x_{rs})e_{i'j'} = e_{ij'}x_{ji'},$$

ここに得た $e_{ij'}x_{ji'}$ なる $m^4 = n^2$ 個の元は，明きらかに1次独立である．

この補助定理を用いれば，つぎの定理の証明は容易である．A が正規単純なるために必要かつ十分なる条件は，

$$d = |d_{ij,pq}|, \qquad d_{ij,pq} = \sum_{r=1}^{n} \kappa_{ipr}\kappa_{rjq}$$

が 0 でないことである．

$$a_i x a_j = \sum_{p=1}^{n} a_i a_p a_j x_p = \sum_{p,q=1}^{n} (\sum_{r=1}^{n} \kappa_{ior}\kappa_{rjq})a_q x_p.$$

n^2 個の元 $a_i x a_j$ が1次独立であることは，$d \neq 0$ を意味している．

いま

$$(a_i a_p)a_j = \sum_{q=1}^{n} d_{ij,pq}a_q$$

なる点に注意すれば，正則表現にて，$a_i a_p$ に対応する行列の転置行列 D_{ip} により，

$$d = |D_{ip}|$$

のように表わすことができる．

ここで D_{ip} の固有和をとれば，正則判別式が得られることも注目に値する．

8 章

多　元　体

8.1　多元環群．極大部分体

　準単純多元環の構造は単純環により，単純環の構造は正規単純環により，正規単純環の構造は正規多元体の構造によって定まる．この章で多元体について述べよう．理論はますます精細の度を加える．正規単純環が同型な多元体と行列環の直積 $K_m \times D$ で表わされるとき，互いに相似であるといい，これにより K の上の正規単純環を類別すれば，その類が直積によって群——多元環群——をなすことは，すでに 6 章において述べた．この群がこれから述べる理論の基礎である．　7 章で与えた分解体 L は A_L が L に相似であるような K の拡大体である．一般に A が K の上の正規単純環であるとき，K の拡大体 L に対して A_L は L の上の正規単純環である．

$$(A \times A')_L = A_L \times A_L'$$

であるから，A に A_L を対応させれば，K の上の多元環群が L の上の多元環群の部分群に準同型に写像される．その際 A が L の上の多元環群の単位元 L に対応すれば，L は A の分解体である．これが分解体の多元環群における意味である．任意の L が与えられたとき，L を分解体とする多元環類——分解体は多元体により決定される．L が多元体 D を分解するときは，L は $K_m \times D$ の分解体であるから，多元環類の分解体といっても差支えない——は多元環群の部分群をなすことは明らかである．

　いままで分解体が表現および基礎体の拡大に関して重要な役割を演ずるこ

とをみてきたが，この概念は正規多元体および正規単純環，したがって多元環類の構造の究明の上からもまた甚だ重要である．正規単純環 A に含まれる可換なる体 L に対し，$V(L) = L$ ——L の各元と可換なる元は L に属す．すなわち L を可換な多元環としてこれ以上拡大できないことを意味する——なるとき，L を**極大部分体**という．L の階数と $V(L) = L$ の階数の積は A の階数に等しく，A の階数は平方数 n^2 であるから，L の階数は n である．逆に A に含まれる階数 n の（可換）体 L がもしあったとすれば，L の階数は $V(L)$ の階数を越えず，かつその積が n^2 になるから，$V(L) = L$，すなわち L は極大部分体である．A が多元体であるときは A に含まれる可換環は，K に対して階数有限であるから，常に可換体である．ゆえに体として極大な L を取れば，それは上記の意味で極大部分体である．さらに L を K に対して分離的なるように取ることもできる．多元体 D の基 $a_1, \cdots, a_t$ を $a_i a_1, \cdots, a_i a_t$ がすべて K に含まれないように取る．この t 個は1次独立であるから，K に含まれる元 $a_i a_1$ があれば他は K に含まれない．しかるときは $a_i(a_1 + a_j)$ は K に含まれないから，a_1 の代りに $a_1 + a_j$ を基に取ればよい．D の判別式は 0 でないから，$\chi(a_i a_1), \cdots, \chi(a_i a_t)$ のうち，0 ならざるものが存在する．$a_i a_1, \cdots, a_i a_t$ がすべて K に対して非分離的だとすれば，最小多項式に対する固有和は 0 になり，主多項式は——この場合最小多項式，すなわち単因子が既約であるから——最小多項式の巾になり，その固有和 $\chi(a_i a_j)$ はすべて 0 にならなければならない．ゆえに $a_i a_1, \cdots, a_i a_t$ のうち，K に対して分離的なる元が存在する．それを K に添加して K' を得たとする．しかるとき $V(K')$ は K' の上の正規多元体であるから，同様 K' の分離的拡大体が得られる．これを繰り返せば，K の分離的拡大体で A の極大部分体が得られる．

　正規単純環の極大部分体と分解体との関係をしらべてみる．次数 r の拡大体 L が A の分解体だとする．$A = K_m \times D$ とし，$K_r \times D$ を考える．L

は K_r の中で正則に表現されるから，L が K_r に含まれると考えてもよい．ゆえに

$$K_r \times D \supseteq L \times D = D_L = L_t = K_t \times L.$$

K_t が正規単純であるから，6.7 により

$$K_r \times D = K_t \times V(K_t).$$

ここに $V(K_t)$ は（$K_r \times D$ の中で）K_r の元と可換なる元より成る．$V(K_t)$ も正規単純であるから，

$$V(K_t) = K_q \times D$$

となり，r は t で割り切れる．D の階数が t^2 なるとき，分解体の次数 r は必ず t で割り切れることがわかった．さらに $V(K_t)$ が L を含んでいることは明らかである．$V(K_t)$ 階数は $q^2 t^2$，L の階数は

$$K_r \times D = K_t \times K_q \times D$$

であるから，$r = tq$．ゆえに L は $V(K_t)$ なる正規単純環の極大部分体である．

　逆に L が A のある極大部分体に同型なるときは，L はまた A^{-1} の極大部分体とも考えられる．すると

$$A \times A^{-1} = K_{r^2}$$

において，

$$V(L) = A \times L = A_L,$$

　L は K_m に含まれるから，行列にて書けば，L には r 個の正則表現より成る表現

$$\begin{pmatrix} [L] & & & \\ & [L] & & \\ & & \ddots & \\ & & & [L] \end{pmatrix}$$

が対応し，したがって $V(L)$ は――$[L]$ は r 次の行列環の極大部分体をなすから――L_r に同型である．すなわち L は A の分解体である．

多元体にのみ注目して，多元環類を取り扱うときは，分解体はその類に属する適当な正規単純環の極大部分体と同型になり，ここに分解体なる概念が構造と深く関連してくるのである．

8.2　接合積．因子団

いかなる正規多元体も分離的な極大部分体を持つから，それは分離的な分解体を持っている．K の分離的な Galois 拡大体 L を分解体として有する多元環類は，必ず L を極大部分体として有するが如き正規単純環 A を含んでいる．換言すれば，かかる A によって代表される．しかるとき L の自己同型写像——Galois 群の元——は A の内部同型写像によって起こされる (6.8)．いま $\sigma_1, \cdots, \sigma_n$ にて L の Galois 群 G の元を表わし，L の元 a の σ による像を a^σ とする．

$$u_\sigma^{-1} a u_\sigma = a^\sigma$$

なる A の元 $u_{\sigma_1}, \cdots, u_{\sigma_n}$ をとれば，それ等は L に対して1次独立である．なぜならば $u_\sigma L$ は L の表現加群として n 個の異なる表現を与えるから，$u_{\sigma_i} L$ の和は直和にならなくてはならない．A の階数は n^2 であるから，

$$A = u_{\sigma_1} L + \cdots + u_{\sigma_n} L$$

であることがわかる．しかるとき $u_{\sigma_i} u_{\sigma_j}$ は $\sigma_i \sigma_j$ なる写像をひき起こすから，$u_{\sigma_i} u_{\sigma_j} u_{\sigma_i \sigma_j}^{-1}$ は L の各元と可換であり，したがって L に属す．これを a_{σ_i, σ_j} にて表わせば

$$u_{\sigma_i} u_{\sigma_j} = u_{\sigma_i \sigma_j} a_{\sigma_i, \sigma_j}$$

となる．このような場合に A を L とその Galois 群の**接合積**といい，$\sigma_{\sigma_i, \sigma_j}$ を接合積の**因子団**という．

逆に L を K の分離的な Galois 拡大体とし，その Galois 群 G の元を $\sigma_1, \cdots, \sigma_n$ とするとき，$u_{\sigma_1}, \cdots, u_{\sigma_n}$ なる L に対して1次独立な元を考え，

$$A = u_{\sigma_1}L + \cdots + u_{\sigma_n}L$$

において

$$au_\sigma = u_\sigma a^\sigma, \qquad u_{\sigma_i}u_{\sigma_j} = u_{\sigma_i\sigma_j}a_{\sigma_i,\sigma_j}$$

とする. 分配律を仮定すれば, A が K の上の多元環をなすためには, 結合律

$$(u_{\sigma_i}u_{\sigma_j})u_{\sigma_k} = u_{\sigma_i}(u_{\sigma_j}u_{\sigma_k})$$

が成立することが必要かつ十分である. この条件は因子団を用いれば

$$a_{\sigma_i\sigma_j,\sigma_k}a_{\sigma_i,\sigma_j}^{\sigma_k} = a_{\sigma_i,\sigma_j\sigma_k}a_{\sigma_j,\sigma_k}$$

で表わされる. かかる A はさらに正規単純であることが証明される. A のイデアル $B \neq 0$ をとれば, B は L を左右の作用団に持つ加群, すなわち L の L における表現加群と考えられる. この意味で極小なる, B に含まれる表現加群を C とし, C の元を

$$c = u_{\sigma_1}l_1 + \cdots\cdots u_{\sigma_n}l_n$$

で表わす. c に $u_{\sigma_i}l_i$ を対応させれば, C の $u_{\sigma_i}L$ の上への準同型写像が得られる. C が極小にとってあるから, その写像は同型写像で, その像は $u_{\sigma_i}L$ の全部の元に渡るか, または 0 である. しかるに異なる $u_{\sigma_i}L$, $u_{\sigma_j}L$ は同型でないから, $u_{\sigma_i}L$ のうち唯一つだけが 0 でない. すなわち C はある u_{σ_i} を含む. しかるときはこれに $u_{\sigma_1}L, \cdots, u_{\sigma_n}L$ を掛ければ, B が A に一致することがわかる. これで A が単純なることがわかった. A の元が A の核心に属するならば, それが L と可換であることより, L に含まれることがわかり, u_{σ_i} と可換であることより――Galois の定理によって――K に含まれることがわかる. すなわち A の核心は K で, A は正規単純環である.

8.3 Galois の定理

Galois の定理の多元数論的な証明がここからも得られる. A が正規なることの証明に Galois の定理を用いたが, L の極大部分体であることから,

L の核心に対する次数の2乗が A の核心に対する階数に等しいから，核心が K に等しいことを結論できる．L の部分体 K' の元を動かさない G の元を $\sigma_1, \cdots, \sigma_r$ とすれば，K' の元と可換な元は，単純環

$$V(K') = u_{\sigma_1}L + \cdots + u_{\sigma_r}L$$

をなし，$V(K')$ の元と可換な元は K' である．G の部分群 H の元を $\sigma_1, \cdots, \sigma_r$ とするとき，

$$B = u_{\sigma_1}L + \cdots + u_{\sigma_r}L$$

の各元と可換な元は B の部分体をなし，その部分体の各元と可換な元は B をなす．かくて L の部分体と G の部分群との間に1対1の対応 が 得 ら れ る．これが Galois の定理であった．このように考えれば，正規単純環 A の単純部分環 B に対して，

$$V(V(B)) = B$$

なる定理 (6.7) は，Galois の定理を特殊な場合として含んでいると考えることもできる．

接合積なる概念は，Galois の拡大体とその Galois 群とを一つの正規単純環の中にまとめてしまうもので，その点から Galois の拡大体の研究に用いられる．しかしそこまで本書で立ち入るわけにはいかない．それに関連して，この接合積なる概念は多元環群の研究に重要な役割りをするもので，そこに多元数論の最も深い，かつ興味ある理論が展開されるのであるが，余りに専門的になるから割愛することとしよう．

8.4 有限体．四元体

終りに有名な二つの定理を述べておく．有限体——有限個の元より成る体——は必ず可換体である．有限体 A は，可換でないならば，当然可換体の K 上の正規多元体と考えられる．その極大部分体 L は元の数が一定であるからすべて同型になり，内部同型写像によって移れる．0 を除いた他の元の

なす群について考える. それをそれぞれ A^*、L^* とする. A^* のいかなる元も L^* に共役——aL^*a^{-1} なる群——なる群のいずれかに含まれる. それを K に添加すれば可換部分体が得られ, 極大部分体に含まれるからである. しかるにこのことは群論において知られているように不可能である. なぜならば L^* の元 a に対しては,

$$aL^*a^{-1} = L^*$$

であるから, L^* に共役な部分群の個数と, L^* の位数の積は A^* の位数を越えることはない. しかるに L^* に共役な部分群はもちろん単位元は共有するから, L^* に共役な部分群に含まれる異なる元の個数は A^* の位数よりも小さく, そのいずれにも含まれない A^* の元が存在する. 以上によって, A が可換でないという仮定が間違いであることがわかる.

　実数全部の体 R の上の正規多元体 A は, 四元数体に限る. R の代数的拡大体は複素数体, $R(i)$, $i^2 = -1$ に限るから, これが R の上の正規多元体 A の極大部分体でなければならない. $R(i)$ の自己同型写像 $i \to -i$ をひき起こす元を j_0 とする:

$$j_0^{-1}ij_0 = -i.$$

しかるとき

$$A = R(i) + j_0R(i)$$

であることは明らかである——これ $R(i)$ の接合積である. j_0^2 は i と可換であるから, 核心 R に属し,

$$j_0^2 = -a^2$$

である実数が存在する. j_0 自身は実数でないからである.

$$j_0a^{-1} = j, \qquad ij = k$$

と置けば, この $1, i, j, k$ によって, A が四元数体であることが容易にわかる.

付　録

行　列

　表現論の一例として行列の標準型および単因子について述べる．行列 A の次数を n とすれば，A の満足する最小多項式の次数が n^2 を越えないことは明らかである．

$$E, A, A^2, \cdots$$

のうち，1次独立な行列の個数が n^2 を越えないからである．A の最小多項式を $F(x)$ とし，x に A を対応させれば，それによって $F(x)$ を法とした剰余環の表現が得られる．剰余環 $K[x]/F(x)$ はもちろん一種の多元環であるから，A の多項式はこのような特殊な多元環の表現と考えることができる．$F(x)$ が互に素なる多項式の積

$$F(x) = f(x)g(x), \qquad (f(x), g(x)) = 1$$

であるときは，$F(x)$ を法とした剰余環 K_F は K_f と K_g の直和に同型になる．それにしたがって A は

$$A = \begin{pmatrix} A_1 & 0 \\ 0 & A_2 \end{pmatrix}$$

のように分解される．A_1, A_2 の最小多項式は $f(x), g(x)$ である．ゆえに A の分解の問題は $F(x)$ が既約多項式の巾

$$F(x) = \varphi(x)^r$$

の場合に帰着する．表現加群 M に移って考えるに，M の元 a に対して常に

$$F(x)a = 0$$

である．このような式を満足する多項式のうち最低つぎのものを a の位数という．それは $\varphi(x)$ の巾で，$F(x)$ の約数である．かつ少なくとも一つ次数が $F(x)$ に等しい元が存在する．元 a の位数の次数が m なるとき，

$$a,\ xa,\ \cdots,\ x^{m-1}a$$

は表現加群をなす．これを a に生成される巡回群という．しかるとき，M は巡回群の直和である．これは Abel 群の基本定理に相当するもので，有理整数と多項式の間の類推——ともに単項イデアル環なること——を用いて Abel 群の場合によく知られている証明を我々の場合に焼直せば証明できる．M が階数 1 のときはもちろんこの定理は成立するから，階数に関する帰納を用いる．位数 $F(x)=\varphi(x)^r$ の元 a_1 で生成される部分加群を N とし，M/N に対してつぎのように帰納法の仮定を適用する．M は表現加群として，$a_1,\cdots,a_s$ にて生成され，M/N について $a_i(i \neq 1)$ の位数を $\varphi(x)^{+i}$，すなわち

$$F(x)a_1 = \varphi(x)^r a_1 = 0,$$
$$\varphi(x)^{r_2}a_2 = g_2(x)a_1,$$
$$\vdots$$
$$\varphi(x)^{r_s}a_s = g_s(x)a_1$$

とする．a_i の位数が $\varphi(x)^r$ を越えないことから直ちに $g_i(x)$ が $\varphi(x)^{r_i}$ で割り切れることがわかる．いま $a_2,\cdots,a_s$ の代りに

$$a_2{}' = \frac{g_2(x)}{\varphi(x)r_2}a_1 - a_2, \qquad \cdots, \qquad a_s{}' = \frac{g_s(x)}{\varphi(x)^{r_s}}a_1 - a_s$$

を取ることができて，そのときは

$$\varphi(x)^{r_2}a_2{}' = \cdots = \varphi(x)^{r_s}a_s{}' = 0.$$

ゆえに M は $a_1, a_2{}', \cdots, a_s{}'$ にて生成される巡回群の直和になる．

　既約多項式の巾 $\varphi(x)^t$ を位数とする巡回群は直既約である．なぜならばもしそれが直和に分解されたとすれば，その直和因子の元の位数は $\varphi(x)^u$, $u < t$ で $\varphi(x)^t$ を位数とする元が存在し得ないことになり，矛盾だからであ

る．ゆえに上述のようにして直既約な行列にまで分解することができた．

$$f(x) = x^m - d_1 x^{m-1} \cdots - d_m$$

を位数とする巡回群の基を

$$a, xa, \cdots, x^{m-1}a$$

のように列べたとすれば，

$$x(a, xa, \cdots, x^{m-1}a) = (a, xa, \cdots, x^{m-1}a) \begin{pmatrix} 0 & 0 & \cdots\cdots\cdots\cdots & 0 & a_m \\ 1 & 0 & \cdots\cdots\cdots\cdots & 0 & a_{m-1} \\ 0 & 1 & \cdots\cdots\cdots\cdots & 0 & a_{m-2} \\ \vdots & \vdots & & \vdots & \vdots \\ 0 & 0 & \cdots\cdots\cdots\cdots & 0 & a_2 \\ 0 & 0 & \cdots\cdots\cdots\cdots & 1 & a_1 \end{pmatrix}$$

となる．この行列を X_f とすれば

$$|xE - X_f| = f(x)$$

であることは行列式を最後の列で展開すれば容易にわかる．

　以上の所論を総括してみれば，つぎのようになる．行列 A の最小多項式を

$$F(x) = \varphi_1(x)^{r_1} \cdots\cdots \varphi_k(x)^{r_k}$$

とし，$\varphi_i(x)$ が互に異なる既約多項式であるとき，A は

$$\begin{pmatrix} A_{11} & & & & \\ & \ddots & & & \\ & & A_{1s_1} & & \\ & & & A_{21} & \\ & & & & \ddots \\ & & & & & A_{ks_k} \end{pmatrix}$$

に相似である．ここに

$$|xE - A_{ij}| = \varphi_i(x)^{r_{ij}}, \qquad r_{ij} \leqq r_i$$

で A_{ij} は巡回群を表現加群として上に得られたような形の行列である．Remak-Schmidt の定理を想起せば，このような標準型が順序は別として一意的に決定されることがわかる．そのとき A_{ij} の順序を $r_{ij} \geqq r_{i+1,j}$ にな

るように決めれば，順序を考えに入れても一意的である.

　この標準型から——A_{ij} の最小多項式は $\varphi_i(x)^{r_{ij}}$ であるから——

$$|xE - A| = \underset{i,j}{\Pi}\varphi_i(x)^{r_{ij}}$$

が，A の最小多項式 $F(x)$ の倍数であり，

$$G(x) = |xE - A|$$

とすれば，明らかに

$$G(A) = 0$$

であることがわかる.

　a, b の位数が互に素なるときは，a, b にて生成される巡回群の直和はまた巡回群である. $a + b$ の位数は明らかに a の位数と b の位数の積に等しいからである. この事実を行列 A の標準型に適用すれば，A を相似変換で

$$\begin{pmatrix} A_1 & & & \\ & A_2 & & \\ & & \ddots & \\ & & & A_d \end{pmatrix}$$

に移すことができる. ここに $|xE - A_i|$ は $|xE - A_{i+1}|$ で割り切れ，A_j はすべて巡回群を表現加群として得られる.

　最後に，この d 個の多項式 $|xE - A_i|$ が $|xE - A|$ の小行列式を用いて決定されることを示そう. $D(x) = |xE - A|$ の $n - k$ 次の小行列式の最大公約数を $D_k(x)$ とすれば，D_{k-1} は D_k で割り切れる. しかるときは，

$$\frac{D_{k-1}(x)}{D_k(x)} = |xE - A_k|$$

である. A の相似変換によって D_k は変わらないから，この事実を上記の標準型によって確めればよい. それは行列の型から初歩的方法によってしらべてみればよい. ここではただ巡回群によって決定された行列 A_i に対しては $|xE - A_i|$ の任意の次数の小行列式の最大公約数が 1 であることを注意しておくに止める.

$$| xE - A_1 |, \quad \cdots, \quad | xE = A_d |$$

を **A** の**単因子**という．ここで与えた標準型は単因子を知れば直ちに書ける．
換言すれば，単因子の等しい 2 つの行列は同一の標準型を有している．した
がって互に相似である．逆に相似なる行列の単因子が等しいことも明らかで
ある．つまり 2 つの行列が相似であるために必要かつ十分なる条件はその単
因子が等しいことである．

　元来，単因子の理論は有理整数，体の上の 1 変数の多項式環などのような
単項イデアル環の元を分子とする行列に関するもので，その理論からここで
述べた理論が導かれるのであるが，表現論の例という立場から，ここに相似
変換に関する理論のみを切り離して述べたのである．

索　　引

正 田 建 次 郎

1902 年 2 月 25 日群馬県館林市に生れる
1925 年　　東京大学理学部数学科卒業
専　攻——代数学
現　在——武蔵大学学長

多元数論入門　　　　　　　　　　　　数学ライブラリー　1

1968 年 9 月 25 日　第 1 刷発行

定価 550 円

著　者　　　正 田 建 次 郎

発 行 者　　　森 北 常 雄

印 刷 者　　　小 笠 原 長 利

発行所　　**101**　　森北出版株式会社
　　　　東京都千代田区
　　　　神田小川町3-10
　　　　振替東京 34757　電話東京 (292) 2601 (代)

落丁・乱丁本はお取替えいたします　　　　秀好堂印刷・小高製本

多元数論入門　[POD版]

2018年1月25日　　発行	
著　者	正田　建次郎
発 行 者	森北　博巳
発　行	森北出版株式会社
	〒102-0071
	東京都千代田区富士見1-4-11
	TEL　03-3265-8341　　FAX　03-3264-8709
	http://www.morikita.co.jp/
印刷・製本	ココデ印刷株式会社
	〒173-0001
	東京都板橋区本町34-5

ISBN978-4-627-00019-3　　　　　Printed　in　Japan